으로 먹는 영양 죽

배태자 지음

예신 Books

머리말

바쁜 아침에 식사 준비로 분주한 주부들을 위해서 좀더 간편하면서도 영양가가 골고루 들어 있는 영양죽을 끓여 몇 가지의 밑반찬과 함께 아침상을 차린다면 한 끼 식사 대용으로도 손색이 없을 뿐만 아니라 가족 모두의 하루가 즐겁지 않을까 생각해 보았다.

이 책은 소화가 잘 되고 장에 좋은 영양죽, 성장기 어린이와 두뇌에 좋은 영양죽, 다이어트나 속풀이에 좋은 영양죽, 감기 몸살, 회복기 환자에게 좋은 영양죽, 임신으로 인한 입덧과 빈혈에 좋은 영양죽 등 주제에 따라 분류하여 구성하였으므로 필요에 따라 적절하게 선택하여 끓일 수 있도록 하였다. 또한 부록으로 영양죽과 같이 먹으면 좋은 물김치도 함께 실었다.

또한 죽에 들어가는 재료들의 효능을 자세히 기록하였으며, 죽 종류들 각각의 노하우를 공개하였다.

집에서도 쉽고 간단하게 끓일 수 있도록 하여 옛날처럼 단순히 허기를 채우기 위한 것이 아니라 보양식 · 환자식 · 다이어트식으로 이용할 수 있도록 하였다. 죽은 특별히 즐길 수 있는 별미이자 민속 음식이라 할 수 있다.

주부를 대상으로 요리 강습을 하다 보면 쉬운 듯 하면서도 어려운 것이 죽이라며 맛있는 죽의 비법을 알려 달라는 말을 자주 듣는다. 어렵다고만 생각하지 말고 이 책을 통해 좀더 쉽고 맛있는 영양소가 골고루 함유된 영양죽을 끓일 수 있게 되길 바란다.

끝으로 이 책이 나올 수 있도록 도움을 주신 도서출판 **예신** 편집부 여러분께 감사의 뜻을 전한다.

저자 씀

Slow food

1. 소화가 잘 되고 장에 좋은 영양죽

2. 성장기 어린이와 두뇌에 좋은 영양죽

3. 다이어트나 속풀이에 좋은 영양죽

<h1>CONTENTS</h1>

4. 감기 몸살, 회복기 환자에게 좋은 영양죽

5. 임신으로 인한 입덧과 빈혈에 좋은 영양죽

부록. 영양죽과 같이 먹으면 좋은 물김치

죽으로 끓이면 맛있는 재료

아욱

줄기가 굵고 단번에 꺾이는 것이
싱싱하다.

표고버섯

햇볕에 말린 버섯은 비타민 C를 비롯한
여러 영양소가 풍부하다.

은행

낟알이 짧고 둥글며 잘고, 테두리가
선명한 것이 좋다.

고구마

껍질에 윤기가 있고 표면이 매끄러우며,
진한 적색이 좋다.

콩

껍질이 얇고 윤기가 많이 나는
것이 좋다.

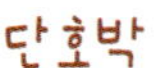

단호박

크기에 비해 무겁고 단단한 것이 좋다.

죽은 쌀이 기본이며 고기, 해물, 야채, 곡류, 견과류 등을 골고루 섞어 끓일 수 있다. 고기로는 쇠고기와 닭고기를 사용하고, 해물로는 홍합, 북어, 바지락, 새우, 전복 등을 사용한다. 야채로는 시금치, 아욱, 근대, 버섯, 호박, 김치 등을 사용하고, 곡류로는 콩, 각종 깨, 팥 등을 사용하며, 견과류에서는 호두, 은행, 잣, 대추 등이 죽 재료로 적당하다.

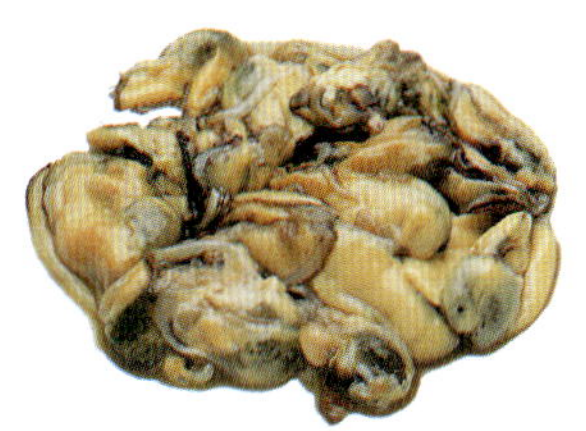

홍합

살에 탄력이 있어야 하며, 비린내가 없는 것이 좋다.

콩나물

줄기가 순백색이며 통통하고, 콩나물 특유의 냄새가 나는 것이 좋다.

시금치

뿌리는 진한 빨간색으로 잎은 싱싱하고 녹색이며, 길이는 20cm 내외가 좋다.

호두

모양이 바르며 껍질에 광택이 나고 갈색인 것이 좋다.

북어

독특한 맛을 유지하려면 영하 14℃에서 습도 30% 정도로 유지하는 것이 좋으므로, 냉동실 문 앞쪽에 보관하는 것이 좋다.

전복

마리당 140~150g 전후의 살이 통통하게 찐 것이 좋다.

한눈에 쉽게 알 수 있는 기본 계량법

계량스푼 | 1큰술은 15cc, 1작은술은 5cc를 말한다. 계량할 때에는 반듯하게 깎아서 한다.

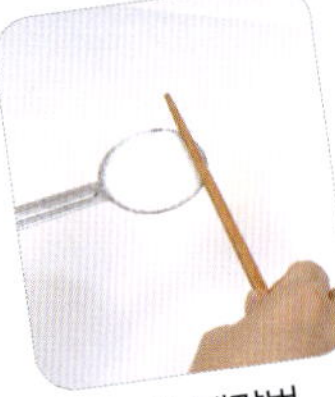

계량스푼 1큰술
= 일반 숟가락 1큰술

계량스푼 1작은술
= 일반 숟가락 1작은술

정확한 계량법
(반듯하게 깎아서 계량)

계량컵

계량컵 200cc = 유리컵 200cc

계량컵 | 계량컵 1컵은 200cc를 말한다.

계량저울 | 계량저울을 사용할 때에는 눈금을 항상 0에 맞추어야 한다. 그릇을 올렸을 때는 그릇 무게를 빼고 ‘0’으로 맞추어 계량한다.

눈금 ‘0’에 맞추기

그릇 놓고 ‘0’에 맞추기

우리 농산물, 수입 농산물 이렇게 구분하세요

은행

국산 • 낟알이 쭈글쭈글하고, 썩은 것이 적다.
 • 불에 구웠을 때 연한 초록색이 된다.
수입 • 낟알이 덜 말라 통통하고, 썩은 것이 많다.
 • 불에 구웠을 때 연한 황색이 된다.

구기자

국산 • 껍질은 어두운 적색이며, 크기가 크다.
 • 단맛이 약하고, 주름이 굵고 뚜렷하다.
수입 • 껍질은 밝고 어두운 적색이 혼합되어 있고, 크기가 작다.
 • 단맛이 강하고, 주름이 가늘고 촘촘하다.

쌀

국산 • 수분이 많으며, 폭이 넓고 길이가 짧다.
 • 중국산보다 낟알이 크고, 금이 가거나 부서진 낟알이 적다.
수입 • 수분이 적으며, 폭이 좁고 길이가 길다.
 • 중국산은 금이 가거나 부서진 낟알이 많고 낟알이 잘다.

완두

국산 • 덜 여문 낟알을 수확하여 심하게 쭈글거린다.
수입 • 쭈글쭈글한 낟알이 적다.

녹두

국산 • 윤기가 나며, 껍질이 얇고 깨끗하다.
 • 굵기가 고르지 않고, 배꼽 속의 눈 모양이 회색, 미색, 황색의 타원형이며 그 속에 일(−)자형의 갈색 또는 미색선이 있다.
수입 • 윤택이 적으며, 껍질이 두껍고 거칠다.
 • 굵기가 고르며, 배꼽 속의 눈 모양이 미국산은 검정색의 타원형이고, 중국산은 희미한 흔적이 보인다.

율무

국산 • 연한 갈색이며, 골의 폭이 좁다.
 • 씨눈이 작고, 부서지거나 벌레 먹은 것이 적다.
 • 독특한 향이 있다.
수입 • 진한 갈색이며, 골의 폭이 넓다.
 • 씨눈이 크고, 부서지거나 벌레 먹은 것이 많다.
 • 역겨운 냄새가 나기도 한다.

오미자

국산 · 끈적거리며 눅진하고, 살이 많아 진이 나온다.
· 독특한 냄새가 나고 신맛이 강하다.
수입 · 단단하며 살이 적고 진이 없다.
· 신맛이 약하고 흰가루가 묻어 있는 것이 있다.

표고버섯

국산 · 독특한 향이 있다.
· 자루 끝부분이 매끄럽고 하얀 균사가 붙어 있지 않다.
수입 · 술 냄새 또는 쉰 듯한 냄새가 난다.
· 자루 끝부분이 불규칙하고 하얀 균사가 붙어 있다.

보리

국산 · 껍질에 윤기가 있으며, 껍질이 벗겨진 낟알이 거의 없다.
· 낟알의 크기가 작고 까끄라기가 남아 있다.
· 골이 얕다.
수입 · 껍질에 윤기가 없으며, 껍질이 벗겨진 낟알이 많다.
· 까끄라기가 거의 없다.
· 골이 깊다.

호두

국산 · 부서진 알이 적고 원래의 모양을 유지하고 있다.
· 호두알은 연한 황갈색이며, 맛이 고소하다.
수입 · 부서진 알이 많고 반으로 쪼개져 있다.
· 중국산은 호두알이 연한 황색이고, 북한산과 베트남산은
  진한 황갈색이며, 고소한 맛이 적다.

깐마늘

국산 · 끝부분이 뾰족하며, 뿌리 부분의 면적이 좁다.
· 뿌리 부분이 흰색이며 상처 부분은 황색, 흑갈색으로 썩는다.
· 연한 노란색을 띠며, 기형 마늘이 거의 없다.
수입 · 끝부분이 뭉뚝하며, 뿌리 부분의 면적이 넓다.
· 뿌리 부분이 적색으로 변한 것이 많다.
· 상처 부분은 하얗고, 가장자리 부분은 검은색으로 썩는다.

대추

국산 · 표면에 상처가 없고, 꼭지와 배꼽 부위가 깊게 들어가 있다.
· 씨와 과육의 분리가 잘 되지 않는다.
· 과육이 단단하여 꼭지가 붙어 있는 것이 많다.
수입 · 표면에 상처가 많고, 꼭지와 배꼽 부위가 편편한 면을 이룬다.
· 씨와 과육의 분리가 쉽게 된다.
· 과육이 무르며 꼭지가 거의 붙어 있지 않다.

콩나물콩

국산 • 크기가 고르지 않으며, 윤기가 나지 않는다.
• 껍질이 거칠다.
수입 • 크기가 고르고, 윤기가 많이 난다.
• 껍질이 매끈하다.

검정콩

국산 • 손상된 낱알이 거의 없으며, 굵고 둥글다.
• 배꼽 속의 눈 모양이 회색 타원형이며, 그 속에 갈색선이 뚜렷하다.
수입 • 손상된 낱알이 섞여 있다.
• 배꼽 속의 눈 모양이 회색 타원형이며, 그 속에 갈색선이 희미하다.

땅콩

국산 • 모양은 둥근 편이다.
• 껍질이 부서지지 않으며, 벗겨진 것과 갈라진 것이 적다.
• 껍질 안쪽이 흰색이며, 맛이 고소하다.
• 볶은 땅콩 모서리에 상처가 없다.
수입 • 모양은 길쭉한 편이다.
• 껍질이 잘 부서지며, 벗겨진 것과 갈라진 것이 많다.
• 껍질 안쪽이 황갈색이며, 고소함이 적다.
• 볶은 땅콩 모서리에 상처가 있다.

들깨

국산 • 껍질이 매끄럽고 얇으며, 크기가 작다.
• 껍질이 잘 벗겨진다.
수입 • 껍질이 거칠고 두꺼우며, 크기가 크다.
• 껍질이 잘 벗겨지지 않는다.

참깨

국산 • 씨눈이 뾰족하며, 낱알의 크기가 작고 길이가 짧다.
• 껍질이 벗겨진 것이 거의 없고 가운데 선이 희미하다.
• 촉감이 부드럽다.
수입 • 씨눈이 뭉뚝하며, 낱알의 크기가 크고 길이가 길다.
• 껍질이 벗겨진 것이 섞여 있으며 가운데 선이 선명하다.
• 촉감이 거칠다.

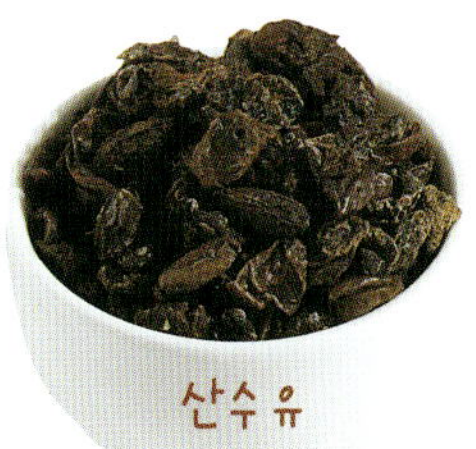

산수유

국산 • 윤기가 많이 나며, 신맛이 약하고 당도가 높다.
• 독특한 향이 강하며, 씨가 적게 혼입되어 있다.
• 표면이 덜 쭈글거리며 깨끗하다.
수입 • 윤기가 적으며, 신맛이 강하고 당도가 낮다.
• 독특한 향이 약하며, 씨가 많이 혼입되어 있다.
• 표면이 심하게 쭈글거리며 깨끗하지 않다.

01
소화가 잘 되고 장에 좋은
영양죽

닭고기누룽지죽

 따뜻한 기운을 갖고 있으며 피로, 양기 부족, 회복기 환자, 비위가 약한 사람에게는 명약이라 할 수 있다. 칼슘, 인, 티아민, 리보플라빈, 니아신이 풍부하며 체력 회복, 건강식 등으로 널리 알려져 있다.

>> 재료 손질하기

01 냄비에 닭, 인삼, 밤, 대추, 마늘, 물을 넣고 푹 삶아 분량의 육수를 준비한다.

02 닭은 따로 건져 두고, 육수는 체에 걸러 국물만 준비한다.

03 삶은 닭고기를 결대로 찢어서 준비해 둔다.

>> 죽쑤기

04 냄비에 육수 10컵을 넣고 누룽지를 잘게 부수어 넣은 후 푹 끓인다.

05 누룽지가 잘 퍼져 구수한 냄새가 나면 **03**의 찢어 놓은 닭을 넣는다.

06 나무 주걱으로 저으면서 뭉근히 끓여 마지막에 간장으로 간을 한다.

재료 (4인분)

닭 1/2마리, 누룽지 150g, 인삼 1뿌리, 밤 5톨, 대추 10개, 마늘 4쪽, 육수 10컵, 간장 약간

Cooking Note

누룽지를 만들어 보세요

누룽지의 구수한 맛을 살리기 위해서는 간장으로 간을 한다. 시중에 파는 누룽지를 사용해도 되고, 프라이팬에 밥을 얇게 펴서 약한 불에 구워 말려서 사용해도 좋다.

무 죽

무의 효능 : 몸의 부기를 치료하고 위장의 소화 흡수를 도와 음식물을 잘 섭취할 수 있도록 한다. 체하여 배가 아픈 증상에도 도움이 되며 당뇨병, 화상, 감기, 숙취에 효능이 있다.

>> 재료 손질하기

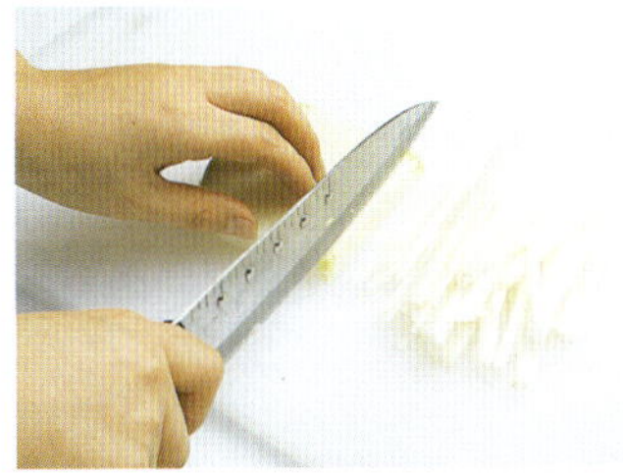

01 쌀은 씻어서 불려 절구에 반 정도 으깨지도록 빻아 놓는다.

02 무는 깨끗이 씻어서 가늘게 채를 썬다.

03 쇠고기는 곱게 다져서 기본 양념을 한다.

>> 죽쑤기

04 냄비에 참기름을 두르고 쇠고기를 볶다가 쌀과 무를 넣고 같이 볶아 준다.

05 어느 정도 볶아지면 물을 넣고 쌀알이 퍼질 때까지 푹 끓인다.

06 죽이 뚝뚝 떨어질 정도로 되면 마지막에 간장, 소금으로 간을 한다.

재료(4인분)

무 100g, 불린 쌀 1컵, 쇠고기 50g, 물 7컵, 참기름 1큰술, 간장·소금 약간씩

쇠고기 기본 양념 : 간장 1작은술, 다진 마늘 1/2작은술, 설탕 1/2작은술, 깨소금·후추·소금 약간씩

Cooking Note

무를 이렇게도 해 보세요

- 무를 채썰어서 항아리에 담고, 무가 잠길 정도로 꿀을 넣어 밀봉한 뒤 3일 경과 후 따뜻한 물에 타서 마시면 기침을 멈추게 하는 효과가 있다.
- 순무를 무죽과 같은 방법으로 죽을 쑤어도 좋다.

마른새우아욱죽

아욱의 효능 : 아욱은 단백질이나 지방, 칼슘이 시금치에 비해 2배 이상 들어 있어 영양가가 매우 높은 식품이다. 또한 비타민도 골고루 들어 있어 장의 운동을 부드럽게 하고 성장기 어린이에게도 좋다. 여름철의 훌륭한 영양 식품이다.

>> 재료 손질하기

01 쌀은 1~2번 씻은 다음 쌀뜨물을 받아 놓고 충분히 불려 굵게 으깨 놓는다.

02 아욱은 줄기를 버린 후 소금을 넣고 치대어 초록색 물과 풋내를 뺀 다음 헹구어 물기를 없애고 적당하게 자른다.

03 마른새우는 다져서 프라이팬에 식용유를 두르지 않고 살짝 볶아 비린 맛을 없앤다.

>> 죽쑤기

04 01에서 받아 놓은 쌀뜨물에 된장을 풀고 끓인다.

05 04가 끓으면 쌀을 넣어 뭉근히 끓이다가 아욱과 새우를 넣는다.

06 쌀알이 어느 정도 퍼지면 송송 썬 파와 다진 마늘을 넣어 완성한다.

재료 (4인분)

불린 쌀 2컵, 마른새우 50g, 아욱 200g, 된장 2큰술, 송송 썬 파 1큰술, 다진 마늘 1작은술, 쌀뜨물 12컵

Cooking Note

죽은 물의 분량이 중요해요
아욱 대신에 시금치를 사용해도 구수하고 담백하다. 죽은 물의 분량에 따라 맛이 달라지므로 양 조절을 잘해야 한다.

완두죽

완두의 효능 : 단백질, 당질, 무기질, 비타민 A, B₁, B₂, C 등이 다량 함유되어 있어 소화가 잘 되고 기미에 효과가 있어 피부도 좋아진다. 완두를 분말하여 달여 마시면 식중독에 도움이 되고, 수용성 식물 섬유가 풍부하여 심장에도 좋다.

>> 재료 손질하기

01 찹쌀은 1시간 이상 불려서 체에 걸러 물기를 제거한다.

02 다시마는 찬물에 넣어 10분 정도 끓인다.

03 양파와 당근은 곱게 다지고, 완두는 냄비에 삶는다.

>> 죽쑤기

04 불린 찹쌀과 삶은 완두콩은 믹서에 넣고 물을 약간씩 첨가하면서 곱게 간다.

05 냄비에 **02**를 붓고 갈아둔 찹쌀과 완두콩, 당근, 양파를 넣어 약한 불에서 뭉근히 끓인다.

06 죽이 부드럽게 퍼지면 소금으로 간을 한 뒤 잣과 모양낸 대추로 장식한다.

재료 (4인분)

불린 찹쌀 2컵, 완두콩 1컵, 양파 1/4개, 당근 50g, 다시마 국물 10컵 (다시마 10×10cm 1장), 소금 · 잣 · 대추 약간씩

Cooking Note

여러 가지로 특별한 맛을 느껴 보세요

죽을 끓일 때는 여러 가지 맛으로 바꿔 보자. 쇠고기 육수, 멸치 국물, 다시마 국물, 사골 육수 등 모두 특별한 맛이 난다.

밤잣죽

>> 재료 손질하기

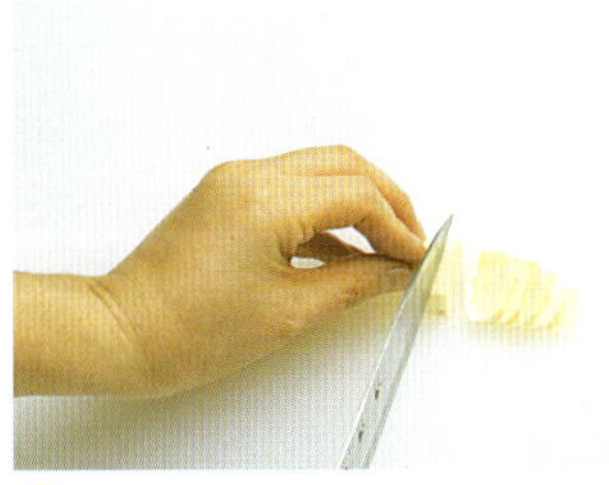

01 밤은 딱딱한 껍질을 벗기고 편으로 썬다.

02 잣은 고깔을 떼고 면 행주에 싸서 문질러 닦는다.

03 밤은 살짝 삶아 잣과 함께 물 1컵을 넣고 곱게 갈아 체에 걸러 둔다.

>> 죽쑤기

04 쌀은 충분히 불려 믹서에 물 1컵을 넣고 곱게 간다.

05 냄비에 갈아서 준비한 밤, 잣, 쌀, 물 8컵을 붓고 끓인다.

06 쌀알을 저어 가며 끓여, 먹기 직전에 소금으로 간한다.

재료 (4인분)

불린 쌀 1컵, 잣 1/4컵, 밤 10톨, 물 10컵, 소금 약간

Cooking Note

말린 밤으로 사용해 보세요

밤은 생으로 사용해도 되지만 살짝 삶아서 사용하면 색이 고와진다. 죽에는 말린 밤(황률)을 사용하면 더욱 좋다. 황률은 단단하므로 약한 불에서 은근히 끓여야 부드러워진다.

단호박죽

단호박의 효능 : 고랭지 작물로 밤호박이라고도 하며 고구마와 밤을 섞어 놓은 듯하다. 밤보다 당도가 높고 고구마보다 속이 알차며 쪄서 먹거나 죽으로도 먹지만 각종 찌개, 생선 조림, 밑반찬 등 일반 요리에도 사용된다.

>> 재료 손질하기

01 단호박은 껍질을 제거한 뒤 얇게 썰어서 냄비에 물 2컵을 붓고 삶는다.

02 단호박이 으깨질 정도로 익으면 꺼내어 체에 내린다.

03 강낭콩은 콩이 잠길 정도로 물을 부어 푹 삶다가 설탕과 소금으로 간한다.

>> 죽쑤기

04 체에 내린 호박을 냄비에 넣고 물 1컵과 삶아 놓은 강낭콩을 넣어 끓인다.

05 죽이 어느 정도 잘 어우러지면 찹쌀가루를 넣고 풀처럼 걸쭉하게 끓인다.

06 먹기 직전에 소금, 설탕으로 간을 한다.

재료(4인분)

단호박 1개, 강낭콩 50g, 찹쌀가루 1/2컵, 물 3컵, 소금 · 설탕 약간씩

Cooking Note

단호박 껍질을 쉽게 벗기려면
- 호박 껍질을 벗기기 힘들 때는 뜨거운 물에 호박을 통째로 살짝 데쳐 보자. 아주 쉽게 벗길 수 있다.
- 시원한 나박김치나 동치미를 곁들여 먹어도 좋고, 새알심을 만들어 넣어도 씹히는 맛이 있어 좋다.

황기닭죽

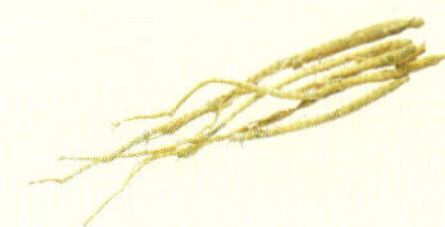
황기의 효능 : 황기는 빈혈을 없애고 근육을 튼튼하게 해 주며 산전·산후 체력 증강에 좋다. 소화기가 약하거나 허약 체질, 폐결핵에 많이 쓰인다. 황기의 효과를 높이기 위해 가루를 내어 혼합하여 먹거나 엑기스를 복용하면 좋다.

>> 재료 손질하기

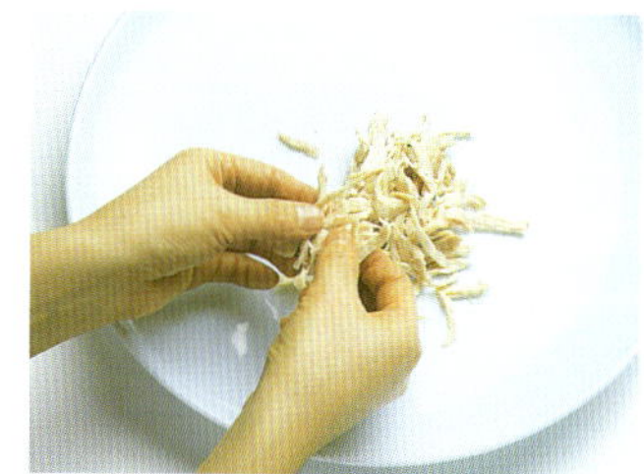

01 냄비에 닭, 물, 대파, 마늘, 황기, 양파를 넣고 끓여 육수를 만든다.

02 완성된 육수는 체에 걸러 준비한다.

03 닭은 고기의 살만 결대로 찢어서 준비한다.

>> 죽쑤기

04 쌀은 깨끗이 씻어 불린 다음 절구에 굵게 빻는다.

05 냄비에 참기름 1큰술을 넣고 쌀을 볶는다.

06 쌀알이 투명해지면 닭살과 육수 10컵을 넣고 뭉근히 끓여 소금으로 간한다.

재료(4인분)

불린 쌀 1컵, 닭 1/2마리, 대파 1뿌리, 마늘 5쪽, 황기 4뿌리, 양파 1/2개, 육수 10컵, 참기름 1큰술, 소금 약간

Cooking Note

닭고기 육수를 사용해야 해요
닭고기는 부위별로 시판되는 것을 사용하면 편하다.
닭의 가슴살이나 안심살을 사용하면 좋다.
닭고기 육수를 사용해야 맛있는 죽이 된다.

애호박죽

애호박의 효능 : 야맹증, 동맥경화의 예방과 치료에 효능이 있고 소화, 불면증, 변비 치료에도 뛰어나다. 비타민이 풍부하고 혈중 콜레스테롤 수치를 낮추며, 입맛이 없는 임산부에게도 좋다.

>> 재료 손질하기

01 애호박은 반으로 갈라 반달 모양으로 얇게 썬다.

02 조갯살은 소금물에 씻어 준비한다.

03 쌀은 1시간 이상 충분히 불려 놓는다.

>> 죽쑤기

04 냄비에 참기름 1큰술을 두르고 조갯살을 볶다가 호박과 쌀을 넣어 함께 볶는다.

05 04에 물을 붓고 뭉근히 끓여 쌀알이 충분히 퍼지면 그릇에 담아 낸다.

06 간장 양념을 곁들여 낸다.

재료(4인분)

불린 쌀 2컵, 애호박 1개, 조갯살 100g, 물 12컵, 참기름 1큰술, 소금 약간
간장 양념 : 간장 2큰술, 송송 썬 파 1큰술, 다진 마늘 1작은술, 깨소금·참기름 약간씩

Cooking Note

또다른 방법으로 색다른 맛을 …
애호박은 곧고 윤기가 있는 것으로 고르면 좋다. 조갯살 대신 다진 쇠고기를 사용해도 되고, 간장 양념 대신에 새우젓국을 곁들여도 좋다.

현미죽

 **현미의 효능 :** 현미란 벼의 껍질만을 벗겨서 씨눈이 그대로 남아 있는 쌀을 말한다. 변비가 해소되고 혈액이 정화되어 혈액 순환을 촉진시킨다. 식물성 단백질을 비롯하여 지방, 칼슘, 인, 나트륨, 철 등의 미네랄과 비타민 B_1, 비타민 B_2, 비타민 B_6, 비타민 E 등의 비타민류가 함유되어 있다.

>> 재료 손질하기

01 다시마는 찬물에 은근히 10분 정도 끓인다.

02 현미는 씻은 후 프라이팬에 볶아 절구에 적당하게 빻는다.

03 콩은 프라이팬에 볶아서 껍질째로 믹서에 곱게 간다.

>> 죽쑤기

04 냄비에 다시마 끓인 물 14컵을 넣고 현미를 넣어 나무주걱으로 저어가며 서서히 끓인다.

05 죽이 걸쭉하게 끓여지면 곱게 간 콩가루를 넣는다.

06 죽이 뚝뚝 떨어질 정도로 되면 마지막에 소금으로 간을 한다.

재료 (4인분)

현미 2컵, 콩 1/2컵, 다시마 국물 14컵, 소금 약간

Cooking Note

다시마의 손질은 …
다시마는 물에 적신 면보로 살살 닦아 사용한다. 물에 씻으면 수용성 성분이 용출되어 영양의 손실이 생긴다.

녹두죽

녹두의 효능 : 과음과 스트레스, 공해로 손상된 인체의 해독에 좋으며, 필수적인 자연 식품으로 미용과 혈액 순환에도 좋다. 몸 안의 열을 다스리고 설사를 그치게 하며 마음을 안정시킨다. 비타민 A, B_1, B_2가 풍부하며 서민의 건강을 지켜 주던 녹두는 이미 의학적으로 인정받은 바 있다.

>> 재료 손질하기

01 쌀은 씻어서 1시간 이상 불려 체에 걸러 둔다.

02 녹두는 물 16컵 정도를 부어 푹 삶는다.

03 02를 체에 밭쳐 녹두물을 받아 앙금을 가라앉힌다.

>> 죽쑤기

04 체에 내린 녹두의 웃물만 냄비에 부어 끓인다.

05 녹두물이 끓으면 쌀알을 넣어 서서히 끓이다가 앙금을 넣는다.

06 먹기 직전에 소금으로 간하여 내놓는다.

재료(4인분)

불린 쌀 2컵, 녹두 2컵, 물 16컵, 소금 약간

Cooking Note

통째로 녹두죽을 쑤어 보세요
죽은 보통 쌀 양의 6~10배 정도의 물이 적당하다. 별미로 녹두를 통째로 삶으면서 쌀을 넣고 죽을 쑤면 씹히는 맛이 있어서 색다르다.

버섯닭죽

양송이버섯의 효능 : 다른 버섯류에 비하여 단백질이 풍부하며, 무기질과 비타민 B군, 에르고스테롤이 적절히 함유되어 있다. 소화 효소가 함유되어 있어 소화 흡수를 돕는다. 또한 저칼로리 식품이므로 다이어트 식품으로도 애용되고 있다.

>> 재료 손질하기

01 냄비에 물과 닭, 마늘, 대파, 양파, 통후추를 넣고 푹 삶아 육수를 만든다.

02 닭은 살을 발라 가늘게 찢어 간장, 참기름으로 밑간을 한다.

03 끓여 놓은 육수는 체에 걸러 둔다.

>> 죽쑤기

04 죽순은 빗살무늬를 살려서 썰고, 양송이버섯은 편으로 일정하게 썬다.

05 표고버섯은 4등분하고, 은행은 뜨거운 물에 데쳐서 껍질을 벗긴다.

06 냄비에 참기름을 넣고 쌀을 볶다가 닭 육수 10컵을 넣고 끓인다. 쌀이 퍼지면 닭살, 죽순, 양송이버섯, 표고버섯, 은행을 넣어 끓인다.

재료(4인분)

불린 쌀 1컵, 닭 1/2마리, 양송이버섯 4개, 표고버섯 4개, 죽순 20g, 은행 10알, 참기름 1큰술, 육수 10컵
닭 육수 부재료 : 마늘 2쪽, 대파 1뿌리, 양파 1/2개, 통후추 약간

Cooking Note

닭고기의 누린내는 이렇게 없애요
버섯 대신에 양파와 부추를 넣어도 좋다. 양파와 부추는 닭고기의 누린내를 없애 준다. 멥쌀 대신 찹쌀을 사용해도 좋다.

근대죽

>> 재료 손질하기

01 쌀은 깨끗이 씻어 불려서 절구에 굵게 빻는다.

02 근대는 깨끗이 씻어서 끓는 물에 데쳐 잘게 썬다.

03 멸치는 내장을 제거하여 마른 프라이팬에 볶아 비린 맛을 없애고 물을 부어 분량의 국물을 준비한다.

>> 죽쑤기

04 **03**의 멸치 국물에 된장을 풀어 끓인다.

05 멸치장국을 끓이다가 쌀을 넣어 잘 어우러지게 서서히 끓여 준다.

06 쌀알이 푹 퍼지면 근대와 다진 마늘을 넣고 끓이다 국간장으로 간을 한다.

재료 (4인분)

불린 쌀 2컵, 근대 200g, 된장 2큰술, 다진 마늘 1작은술, 멸치 국물 12컵(국물용 멸치 15마리), 국간장 약간

Cooking Note

멸치 국물을 사용해서 구수해요

입맛이 없을 때 제철 야채로 죽을 쑤면 아침 식사 대용으로 거뜬하다. 멸치 국물을 사용해서 더욱 구수하고 다이어트에도 좋다.

성장기 어린이와 두뇌에 좋은
영양죽

은행죽

은행의 효능 : 폐를 따뜻하게 하고 기를 강하게 하며 기침, 천식을 가라앉힌다. 심장의 기능을 돕고 폐에 효험이 있으며, 설사를 멎게 하고 대하증에도 효과가 있다. 카로틴, 비타민 C, 칼슘, 인, 철분이 풍부하며, 포도상구균, 디프테리아균, 대장균을 억제하는 항균력을 지니고 있다.

>> 재료 손질하기

01 쌀은 1시간 이상 충분히 불려 절구에 빻는다.

02 은행은 뜨거운 물에 데쳐서 껍질을 제거한다.

03 믹서에 은행과 물 3컵을 넣고 곱게 간다.

>> 죽 쑤기

04 냄비에 갈아 놓은 은행, 쌀, 물 4컵을 넣고 끓인다.

05 04가 퍼지도록 나무 주걱으로 저으면서 충분히 끓인다.

06 죽이 완성되면 소금으로 간하고, 고명으로 대추를 올린다.

재료 (4인분)

불린 쌀 1컵, 은행 1컵, 물 7컵, 소금 약간, 대추 4개

+ Cooking Note

은행의 독성을 주의하세요
은행 열매를 땄을 때 바로 손질할 경우 독성이 있으므로 반드시 장갑을 끼고 벗기는 것이 좋다.
시중에 판매되는 것은 열매 손질이 되어 있으므로 안전하다.

시금치두부죽

두부의 효능 : 단백질과 지방, 칼슘이 풍부하여 혈중 콜레스테롤 수치를 낮추고 각종 성인병, 노화 방지, 골다공증 예방에 좋다. 비만을 방지하고 머리를 좋게 하며 동맥경화, 뇌졸중, 심장병, 당뇨병, 간 질환에 효과가 뛰어나다.

>> 재료 손질하기

01 쌀은 1시간 이상 불려서 절구에 살짝 빻는다. 쌀뜨물을 준비한다.

02 두부는 주걱으로 으깨면서 체에 내린다.

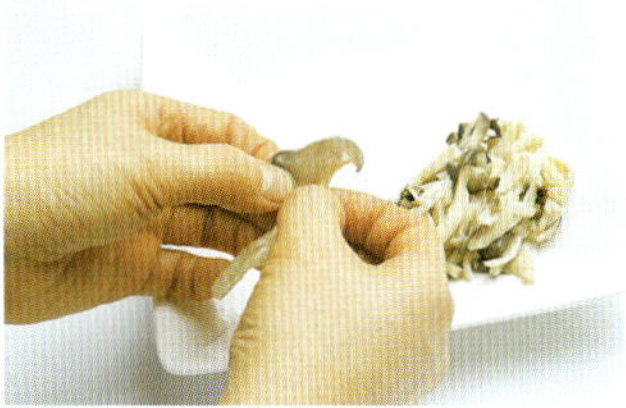

03 느타리버섯은 끓는 물에 데쳐서 가늘게 결대로 찢어 2cm로 자른다.

>> 죽 쑤기

04 시금치는 끓는 물에 소금을 넣고 데친 뒤 2cm 길이로 일정하게 자른다.

05 냄비에 빻아 놓은 쌀을 넣고 쌀뜨물을 부어 은근한 불에 끓인다.

06 쌀알이 어느 정도 퍼지면 느타리버섯과 시금치, 두부를 넣고 끓으면 소금으로 간한다.

재료 (4인분)

불린 쌀 2컵, 쌀뜨물 12컵, 시금치 20g, 두부 30g, 느타리버섯 20g, 소금 약간

Cooking Note

쌀뜨물을 준비해 보세요
쌀뜨물은 처음 쌀 씻은 물은 버리고, 두 번째와 세 번째 씻은 물을 받아 사용하는 것이 좋다.

쇠고기시금치죽

 **쇠고기의 효능 :** 우육(牛肉)이라고도 하며, 성장기에 필요한 아미노산이 골고루 들어 있다. 소의 나이, 성별, 부위에 따라 고기의 유연성, 빛깔, 풍미가 다르다. 4~5세의 암소 고기가 가장 맛있으며, 약간 오렌지색을 띤 선명한 적색으로 살결이 곱고 백색이면서 끈적거리는 지방이 있는 것이 좋다.

>> 재료 손질하기

01 처음 쌀 씻은 물은 버리고 2~3번 씻어 쌀뜨물을 받아 된장을 풀어 놓는다.

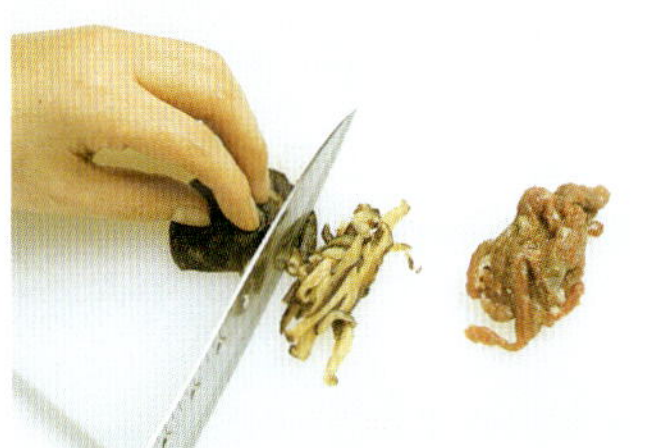

02 1시간 이상 불린 쌀은 반 정도 으깨고, 쇠고기와 표고버섯은 가늘게 채썬다.

03 시금치는 끓는 물에 약간의 소금을 넣고 데쳐서 3cm 길이로 자른다.

>> 죽 쑤기

04 냄비에 참기름 1큰술을 두르고 쇠고기를 볶다가 쌀과 표고버섯을 넣어 함께 볶는다.

05 쌀알이 투명해지면 된장을 풀어 놓은 쌀뜨물을 넣고 은근히 끓인다.

06 죽이 어느 정도 잘 어우러지게 퍼지면 시금치를 넣고 소금으로 간한다.

재료 (4인분)

불린 쌀 2컵, 쇠고기 100g, 시금치 50g, 표고버섯 2개, 된장 2큰술, 쌀뜨물 12컵, 참기름 1큰술, 소금 약간

Cooking Note

쇠고기를 곱게 채썰려면 …
쇠고기는 약간 냉동 상태에서 채를 썰면 곱게 잘 썰수 있다. 쇠고기의 잡내 제거를 위해 핏물은 꼭 제거해야 한다.

쇠고기미역죽

미역의 효능 : 칼슘 함량이 많아 성장기에 좋으며 머리가 좋아지는 DHA가 함유되어 있다. 히스타민 성분이 혈압을 낮추고 항암 효과가 있으며, 장의 운동을 원활하게 해 주므로 직장암 예방에 좋다. 혈액 중의 지방질을 청소하며, 오염된 식품 중의 중금속을 흡착·배설하는 효과가 있다.

>> 재료 손질하기

01 쌀은 1시간 이상 불려 절구에 으깨지도록 빻아 놓는다.

02 쇠고기는 곱게 다져서 핏물을 제거한다.

03 미역은 30분 정도 물에 불려서 곱게 다진다.

>> 죽 쑤기

04 냄비에 참기름 1큰술을 넣고 다진 쇠고기를 볶다가 빨아 놓은 쌀을 넣어 함께 볶아 준다.

05 쌀알이 투명해지고 쇠고기가 익으면 물 6컵을 넣고 은근히 끓여 준다.

06 쌀알이 충분히 퍼지면 다져 놓은 미역을 넣고 다시 한번 푹 끓여 소금과 간장으로 간한다.

재료(4인분)

불린 쌀 1컵, 다진 쇠고기 100g, 미역 20g, 물 6컵, 참기름 1큰술, 소금·간장 약간씩

Cooking Note

쇠고기 핏물 제거는 꼭！
쇠고기에 핏물이 있으면 잡냄새가 날 수 있으므로, 면보나 키친타월로 핏물을 제거해야 한다.

조개죽

조개의 효능 : 피로 회복, 숙취 해소에 좋고 칼슘, 인, 철, 비타민 B_1, B_2 성분이 있어 간 보호 기능, 해독 작용, 기 보강에 효과가 있으며, 정신을 맑게 하여 마음을 안정시킨다. 4~5월에 산란하며 번식력이 매우 강하다.

>> 재료 손질하기

01 조갯살은 소금물에 씻어 준비한다.

02 쌀은 깨끗이 씻어 1시간 이상 충분히 불린다.

03 당근과 양파는 깨끗이 씻어 곱게 다진다.

>> 죽 쑤기

04 냄비에 참기름 1큰술을 두르고 조갯살을 넣고 볶다가 쌀을 넣어 함께 볶아 준다.

05 쌀알이 투명해지면 분량의 물을 부어 서서히 끓인다.

06 쌀알이 퍼지면 당근과 양파를 넣고 뭉근히 끓이다가 먹기 직전에 소금으로 간한다.

재료 (4인분)

불린 쌀 1컵, 조갯살 100g, 당근 30g, 양파 1/4개, 물 7컵, 참기름 1큰술, 소금 약간

Cooking Note

조갯살을 다져 보세요
조갯살은 통째로 사용하거나 곱게 다져서 사용해도 된다.

대구죽

대구의 효능 : 칼슘, 철분 등 몸에 좋은 미네랄 성분과 불포화 지방산이 풍부해 동맥경화를 예방하고, 임산부나 어린이 성장 발육에 좋으며, 성인병 예방에도 효과가 있다.

>> 재료 손질하기

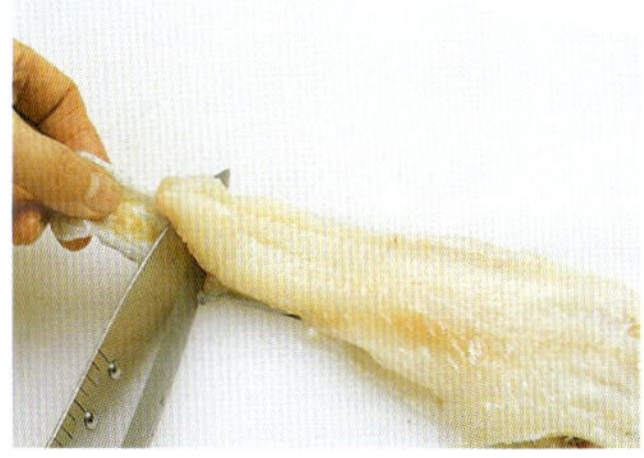

01 대구는 내장을 제거하고 포를 떠서 껍질을 벗겨 준비한다.

02 냄비에 껍질을 벗긴 대구살과 뼈를 넣고 끓인다.

03 육수는 체에 걸러 준비하고 대구살은 뜯어 놓는다.

>> 죽 쑤기

04 불린 찹쌀은 절구에 대충 빻아 놓는다.

05 냄비에 찹쌀, 육수를 넣고 끓이다가 쌀이 어느 정도 퍼지면 대구살을 넣고 끓인다.

06 먹기 직전에 소금으로 간하고, 고명으로 김을 올린다.

재료 (4인분)

불린 찹쌀 2컵, 대구 1마리, 육수 12컵, 소금 · 김 약간씩

Cooking Note

대구뼈는 핏물을 제거하세요
대구뼈는 찬물에 담가 핏물 제거를 한다. 대구는 국을 끓이거나 구워서 먹기도 하며 생선회로도 일품이다.

콩죽

콩의 효능 : 유방암의 발생을 억제시키는 제니스타인과 골다공증을 막아 주는 다이제인 성분이 많이 들어 있다. 당뇨를 감소시키고 고혈압에 효과가 있으며, 단백질이 혈중 콜레스테롤을 저하시켜 심장 마비를 예방한다. 비타민 E가 풍부해 기미 방지, 혈액 순환에도 도움을 준다.

>> 재료 손질하기

01 쌀은 깨끗이 씻어서 1시간 이상 충분히 불린 뒤 절구에 반 정도 으깨지도록 빻는다.

02 콩은 6시간 이상 불려 껍질을 벗긴 후 비린내가 나지 않을 정도로 삶는다.

03 삶은 콩은 물 3컵을 넣고 믹서에 곱게 갈아 놓는다.

>> 죽 쑤기

04 냄비에 쌀과 나머지 물 6컵을 넣고 끓이다가 **03**의 콩을 넣어 함께 끓인다.

05 쌀알이 다 퍼지면 먹기 직전에 소금으로 간한다.

06 쑥갓과 대추를 고명으로 장식한다.

재료 (4인분)

불린 쌀 1과1/2컵, 콩(대두) 1컵, 물 9컵, 소금 · 쑥갓 · 대추 약간씩

Cooking Note

검은콩으로도 끓여 보세요
요즘 성인병 예방에 좋다는 검은콩으로 죽을 쑤어도 좋다.

옥수수우유죽

 **옥수수의 효능 :** 단백질, 당질, 섬유질이 고루 함유되어 있고 비타민 E가 풍부하여 피부 건조, 노화 방지에 좋다. 신장염, 고혈압, 당뇨, 황달, 담석증, 잇몸 출혈 등에 효과가 있다. 채소용 또는 통조림으로 이용되는데 채소용은 삶거나 구워서 먹기도 한다.

>> 재료 손질하기

01 쌀은 깨끗이 씻어서 1시간 이상 불려 놓는다.

02 옥수수는 체에 밭쳐 물기를 빼서 준비한다.

03 옥수수 1컵과 불린 쌀을 믹서에 담고 물 2컵을 넣어 곱게 갈아 체에 내린다.

>> 죽 쑤기

04 03을 냄비에 담고 나머지 물 6컵을 넣어 끓이다가 남겨 놓은 옥수수 1컵을 넣고 끓인다.

05 죽이 잘 어우러지면 우유를 조금씩 넣으면서 나무 주걱으로 저어 준다.

06 죽이 완성되면 먹기 직전에 소금으로 간을 한다.

재료 (4인분)

불린 쌀 1컵, 옥수수 통조림 2컵, 물 8컵, 우유 2컵, 소금 약간

Cooking Note

우유의 멍울을 조심하세요
우유를 한꺼번에 넣으면 멍울이 생기므로 서서히 조금씩 넣어 끓이는 것이 좋다.

호두죽

호두의 효능 : 호두는 불포화 지방산이 풍부하여 혈중 콜레스테롤을 낮추어 성인병을 예방하고 몸에 있는 노폐물을 씻어 내어 회복기 환자에게도 좋으며 감기, 불면증 치료에도 좋다. 변비와 가래를 없애 주며 무기질과 비타민 B_1이 많아 피부 미용, 노화 방지에 효과가 있다.

>> 재료 손질하기

01 쌀은 깨끗이 씻어 1시간 이상 불려 절구에 반 정도 으깨지게 빻는다.

02 호두는 뜨거운 물에 데쳐 이쑤시개로 껍질을 제거하고 굵게 다진다.

>> 죽 쑤기

03 냄비에 쌀, 호두, 물 12컵을 넣고 은근한 불에 서서히 끓인다.

04 쌀알이 퍼질 때까지 나무 주걱으로 저으면서 끓인다.

05 죽이 완성되면 먹기 직전에 소금으로 간한다.

06 그릇에 모양내어 담고 호두를 고명으로 장식한다.

재료 (4인분)

불린 쌀 2컵, 호두알 1컵, 물 12컵, 소금 약간

Cooking Note

너무 많이 젓지 마세요
죽은 은근한 불에서 아주 서서히 나무 주걱으로 저어가며 끓이는 것이 비법이다.

검은깨죽

검은깨의 효능 : 천연 미용 재료 중 하나이며, 섬유질과 칼슘 성분이 흰깨에 비해 두 배 이상이다. 비타민 E가 많아 노화 방지에도 효과적이며, 뼈를 튼튼하게 하고 오장의 기능을 원활하게 한다. 탈모 예방에도 좋으며 변비 치료에도 효과가 있다.

>> 재료 손질하기

01 검은깨는 깨끗이 씻어 불순물과 티를 없앤다.

02 검은깨를 프라이팬에 기름을 두르지 않고 볶는다.

03 볶은 검은깨와 물 1컵을 믹서에 넣고 곱게 간다.

>> 죽 쑤기

04 쌀은 1시간 이상 충분히 불려 믹서에 물 1컵을 넣고 곱게 간다.

05 곱게 간 쌀과 검은깨를 냄비에 넣고 남겨 놓은 물 4컵을 더 첨가해서 은근히 끓인다.

06 죽이 되직해질 때까지 나무 주걱으로 저어가며 끓인다. 먹기 직전에 소금으로 간한다.

재료 (4인분)

불린 쌀 1컵, 검은깨 1/2컵, 물 6컵, 소금 약간

Cooking Note

검은깨는 볶을 때 주의하세요
검은깨는 다 볶아졌는지 구분이 안 되므로 태울 수 있다. 이때는 프라이팬에서 깨알이 톡톡 튀어오르면 다 볶아진 것이다. 검은깨의 빛깔이 싫으면 흰깨를 섞어도 좋다.

수삼죽

수삼의 효능 : 수삼은 말리지 않은 것을 말하며, 약효가 순수하게 보존되어 있어 인기가 좋다. 오장을 보하고 정신을 안정시키며, 눈을 맑게 한다. 위장을 튼튼하게 하고, 설사를 멈추게 하며, 종기 · 피부병에도 효과가 있다.

>> 재료 손질하기

01 쌀은 충분히 불려 절구에 반 정도 으깨지도록 빻는다.

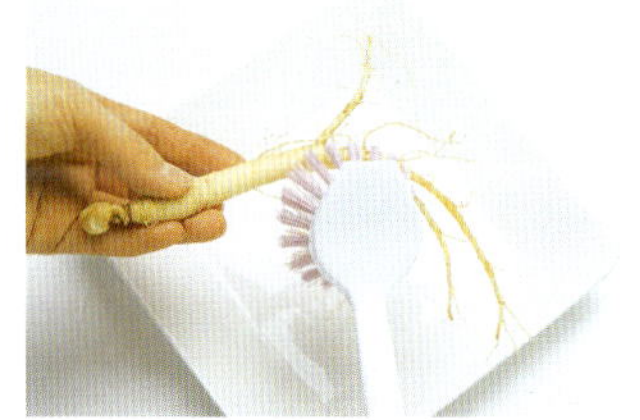

02 수삼은 솔을 이용하여 깨끗이 구석구석 씻는다.

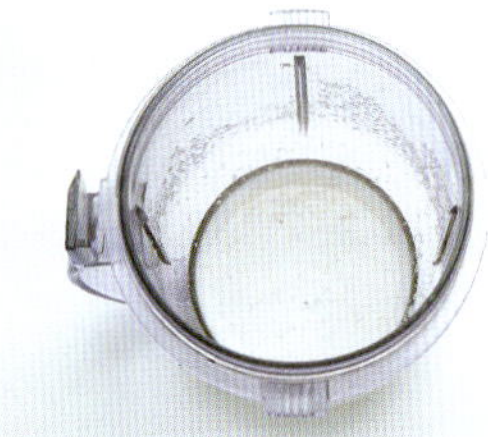

03 수삼 3뿌리는 물 2컵과 함께 믹서에 곱게 간다

>> 죽 쑤기

04 수삼 1/2뿌리는 다지고 1/2뿌리는 어슷하게 썬다.

05 냄비에 빻아 놓은 쌀과 **03**의 수삼, 나머지 물 8컵을 넣고 은근히 끓인다.

06 쌀알이 서서히 퍼지면 나무주걱으로 저으면서 어슷하게 썬 수삼과 다진 수삼을 넣어 한소끔 끓인 후 소금으로 간한다.

재료 (4인분)

불린 쌀 2컵, 수삼 4뿌리, 물 10컵, 소금 약간

Cooking Note

수삼죽은 몸보신에도 좋아요
수삼죽은 입맛 없을 때 식욕을 찾게 하고 보신에도 좋으며, 수험생이나 회복기 환자에게도 좋다.

잣 죽

잣의 효능 : 비타민 B가 풍부하며 리놀렌산, 리놀레산 등의 불포화 지방산으로 구성되어 있다. 두뇌 발달에 효과가 있고, 피부 미용에 탁월하며, 혈압을 내리게 하는 성분이 있다.

>> 재료 손질하기

01 쌀은 충분히 불려 믹서에 물 2컵을 넣고 곱게 간다.

02 잣은 고깔을 떼고 믹서에 물 2컵을 넣어 곱게 간다.

03 대추는 돌려깎아서 곱게 채를 썬다.

>> 죽 쑤기

04 채썬 대추는 냄비에 물 약간과 설탕 약간을 넣어 조린다.

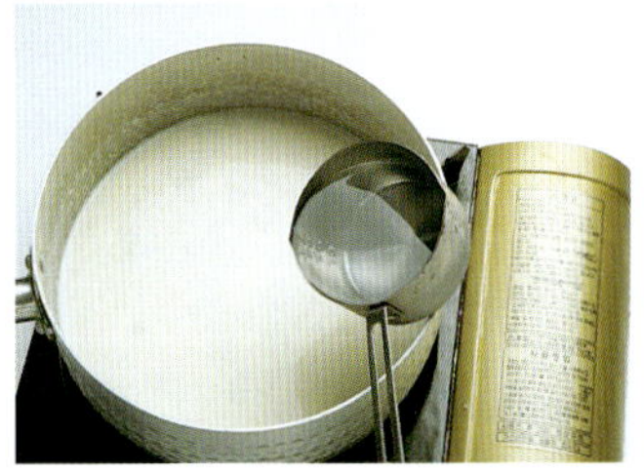

05 냄비에 갈아 놓은 쌀과 잣을 넣고 물 8컵을 첨가하여 나무 주걱으로 저으면서 끓인다.

06 죽이 완성되어 걸쭉해지면 조려 놓은 대추채를 넣고, 먹기 직전에 소금으로 간한다.

재료(4인분)

불린 쌀 2컵, 잣 1컵, 대추 5개, 설탕 약간, 물 12컵, 소금 약간

+ **Cooking Note**

죽은 뜨거울 때 먹어야 맛있어요
죽은 처음부터 너무 되직하게 끓이면 갈수록 더욱 되직해진다. 약간 묽다 싶을 정도로 끓이는 것이 좋고, 뜨거울 때 먹어야 맛이 있다.

03

다이어트와 속풀이에 좋은
영양죽

팽이버섯누룽지죽

팽이버섯의 효능 : 암에 뛰어난 효과가 있으며, 면역 활성 증가를 통해 간 기능 강화에도 효과가 있다. 비타민D의 전구체인 에르고스테롤과 칼륨, 인 등의 무기질이 다량 함유되어 있다. 변비 예방, 당뇨병·성인병 예방에 탁월하며, 다이어트에도 효과가 있다.

>> 재료 손질하기

01 팽이버섯은 밑동을 정리하여 준비한다.

02 누룽지는 적당한 크기로 잘게 부수어 놓는다.

03 실파는 3cm 길이로 일정하게 자른다.

>> 죽 쑤기

04 냄비에 물 10컵과 잘게 부순 누룽지를 넣고 뭉근히 끓인다.

05 누룽지가 퍼져 부드러워지면 팽이버섯, 실파를 넣고 한소끔 끓인다.

06 분량의 재료를 섞어 간장 양념을 만든다. 완성된 죽과 함께 곁들여 낸다.

재료(4인분)

누룽지 300g, 팽이버섯 100g, 실파 2뿌리, 물 10컵

간장 양념 : 간장 2큰술, 조선간장 1큰술, 다진 마늘 1작은술, 송송 썬 파 1큰술, 참기름 1작은술, 통깨 약간

Cooking Note

누룽지는 샐러드와도 잘 어울려요

누룽지는 튀겨서 해물과 함께 곁들이는 해물 누룽지탕에도 사용되고, 잘게 부수어 샐러드와도 버무리면 잘 어울린다. 실파 대신에 미나리를 넣어도 향긋하다.

대합죽

대합의 효능 : 숙취 해소에 뛰어난 성분이 많이 함유되어 있다. 타우린과 베타인은 알코올 성분 분해를 도와 술 마신 뒤 간장을 보호하는 기능을 지니고 있다. 간장 질환과 고혈압, 담석증 환자에게도 좋은 식품인데 이는 히스티딘, 리신 등의 아미노산이 많고 지방 함량이 낮기 때문이다.

>> 재료 손질하기

01 대합은 소금물에 담가 해감시킨다.

02 해감시킨 대합은 살을 발라 낸다.

03 발라 낸 대합 살을 곱게 다진다.

>> 죽 쑤기

04 쌀은 1시간 이상 충분히 불려 절구에 적당하게 빻는다.

05 냄비에 참기름 1큰술 두르고 대합살을 볶다가 청주를 넣어 비린내를 없애 주고 쌀을 넣어 함께 볶는다.

06 쌀알이 투명해지면 물 6컵을 넣고 서서히 퍼질 때까지 끓여 먹기 직전에 소금으로 간한다. 고명으로 통깨를 올린다.

재료 (4인분)

불린 쌀 1컵, 대합 2마리, 물 6컵, 참기름 1큰술, 청주 1큰술, 소금 약간, 통깨 약간

Cooking Note

대합 해감은 이렇게 …

대합은 살아 있는 싱싱한 것으로 준비한다. 해감이 많은 경우 그릇에 소금물과 대합을 넣고 신문으로 덮어 두면 깨끗이 해감된다.

율무죽

율무의 효능 : 신경통 치료에 뛰어나고, 원기 증강 및 다이어트에도 탁월하다. 화장품의 원료로 쓰이며, 천연 성분이기 때문에 자극이 거의 없다.

>> 재료 손질하기

01 율무는 씻어서 2시간 정도 불려 놓는다.

02 쌀은 씻어서 1시간 이상 충분히 불려 놓는다.

03 불려 놓은 율무와 쌀을 물 2컵과 함께 믹서에 곱게 간다.

>> 죽 쑤기

04 냄비에 갈아 놓은 율무, 쌀과 물 8컵을 넣고 끓인다.

05 뭉근한 불에서 나무 주걱으로 저으면서 푹 퍼지게 끓인다.

06 죽이 완성되면 먹기 직전에 소금으로 간한다.

재료 (4인분)

불린 쌀 1컵, 율무 1/2컵, 물 10컵, 소금 약간

Cooking Note

율무는 쌀보다 더 오래 불려 주세요
갈아 놓은 분말을 구입해서 사용해도 된다. 율무는 쌀보다 시간을 더 길게 불려야 곱게 갈아진다.

홍합죽

홍합의 효능 : 여성의 요통이나 냉·대하증, 산후 회복에 좋은 식품이다. 또 남성의 정력 강화에도 도움이 되고, 장에 가스가 찰 때 먹어도 효과를 볼 수 있으며 숙취에도 탁월한 효과가 있다.

>> 재료 손질하기

01 쌀은 깨끗이 씻어 1시간 이상 충분히 불려 준비한다.

02 불린 쌀은 절구에 찧어 대충 으깨 놓는다.

03 홍합은 소금물에 깨끗이 씻어 준비한다.

>> 죽 쑤기

04 냄비에 참기름 1큰술을 두르고 쌀을 볶다가 물 12컵을 부어 끓인다.

05 쌀알이 푹 퍼지면 홍합을 넣고 조금 더 은근하게 끓인다.

06 고루 잘 어우러지면 다진 마늘을 넣고 소금으로 간을 한 뒤 송송 썬 실파를 뿌린다.

재료(4인분)

불린 쌀 2컵, 홍합살 1컵, 참기름 1큰술, 물 12컵, 다진 마늘 1작은술, 소금 약간, 송송 썬 실파 약간

Cooking Note

말린 홍합을 사용해도 좋아요
생 홍합 대신 말린 홍합을 사용해 보자. 쫄깃쫄깃해서 특별한 맛을 느낄 수 있다. 불린 미역을 넣어 함께 끓여도 신선한 해물맛을 맛볼 수 있다.

우엉죽

우엉의 효능 : 아르기닌이란 성분은 성호르몬의 분비를 돕고 에너지를 생성시키며 뇌를 튼튼하게 한다. 섬유질은 장을 자극해서 소화가 잘되게 하고 노폐물을 배출시키므로 변비에 좋으며 다이어트에도 효과가 있다. 빈혈 방지나 미용에 좋으며, 우엉을 껍질째로 갈아서 즙을 마시면 염증에 좋다.

>> 재료 손질하기

01 우엉 껍질은 칼등을 이용해서 벗긴다.

02 껍질을 벗긴 우엉은 연필 깎기를 해서 물에 담가 둔다.

03 쌀은 1시간 동안 충분히 불려서 준비한다.

>> 죽 쑤기

04 당근과 대추는 틀을 이용하여 수선화 꽃 모양으로 만들어 고명으로 준비한다.

05 냄비에 물 12컵과 쌀, 우엉을 넣고 서서히 푹 끓인다.

06 죽이 완성되면 소금으로 간을 하고, 당근과 대추 꽃을 고명으로 올려 낸다.

재료(4인분)

불린 쌀 2컵, 우엉 100g, 물 12컵, 소금 약간, 당근 · 대추 약간씩

Cooking Note

우엉 대신 연근을 사용해 보세요
고명으로 대추채를 올려도 좋다. 우엉 대신에 연근을 잘게 다져 같은 방법으로 죽을 쑤어도 좋다.

옥돔미역죽

옥돔의 효능 : 비타민 A, B₁, B₂, C, 니아신, 칼슘, 인, 아미노산이 다량 함유되어 있으며 비린내가 없고 담백하며 지방이 적고 단백질이 풍부하다. 어린이 성장 발육, 회복기 환자, 산모의 몸조리에 좋고, 신장 기능 향상, 허약 체질 개선, 고혈압 · 저혈압 예방, 간장의 해독 작용에도 효과가 있다.

>> 재료 손질하기

01 쌀은 1시간 동안 충분히 물에 불려 준비한다.

02 미역은 물에 불려 적당한 크기로 자른다.

03 옥돔은 내장을 빼고 손질해서 물, 대파, 양파, 마늘, 생강을 넣고 끓여 육수를 만든다.

>> 죽 쑤기

04 삶은 옥돔은 건져서 살을 발라 내고, 육수는 체에 내려 된장 1큰술을 풀어 둔다.

05 냄비에 참기름을 두르고 쌀과 미역을 넣어 볶다가 약간의 국간장을 첨가해서 볶는다.

06 미역이 익으면 육수 7컵을 부어 끓인다. 쌀알이 퍼지면 옥돔살을 넣고 한소끔 끓인 뒤 나머지 간은 국간장으로 한다.

재료 (4인분)

불린 쌀 1컵, 옥돔 1마리, 미역 100g, 된장 1큰술, 참기름 1큰술, 육수 7컵, 국간장 약간

옥돔 육수 재료 : 대파 1뿌리, 양파 1/2개, 마늘 4쪽, 생강 1쪽

Cooking Note

옥돔 대신 조기로 해도 좋아요
반 건조된 옥돔을 사용하거나 조기로 죽을 쑤어도 좋다. 된장과 간장으로 간을 하면 구수하고 감칠맛이 난다.

팥죽

 **팥의 효능 :** 성질이 따뜻하고 맛이 달며 독이 없다. 단백질, 지방, 당질, 회분, 섬유질 등과 비타민 B_1이 다량으로 함유되어 있어 각기병의 치료에도 좋다. 설사를 멈추게도 하고, 비만증과 고혈압의 예방 치료제이기도 하며, 성인병 예방에도 효과가 있다.

>> 재료 손질하기

01 쌀은 물에 1시간 이상 충분히 불려 준비한다.

02 팥은 물을 부어 삶다가 끓어오르면 물을 버리고, 2배의 물을 붓고 무를 때까지 삶는다.

03 삶아 놓은 팥은 체에 물을 섞어 가면서 내려 가라앉힌다.

>> 죽 쑤기

04 찹쌀가루는 뜨거운 물에 소금 약간을 넣고 익반죽해서 새알심을 빚는다.

05 냄비에 앙금 웃물만 붓고 불린 쌀을 넣어 퍼질 때까지 끓인다.

06 쌀알이 퍼지면 앙금을 넣고 새알심을 넣어 끓이다 동동 떠오르면 소금, 설탕으로 간한다.

재료 (4인분)

불린 쌀 1컵, 붉은 팥 2컵, 물 14컵, 찹쌀가루 1컵, 소금 · 설탕 약간씩

Cooking Note

팥을 믹서로 곱게 갈아 사용해도 좋아요
팥을 체에 내리는 대신 삶아서 믹서에 곱게 갈아 사용해도 된다. 새알심 빚기가 번거로우면 조랭이 떡이나 인절미를 적당한 크기로 썰어 사용해도 좋다.

새우죽순죽

죽순의 효능 : 탄수화물이 풍부하고 지방, 단백질, 비타민 B, C도 함유되어 있다. 정신을 맑게 하고 숙취 해소에도 좋으며, 피를 맑게 하여 스트레스 해소, 이뇨 작용, 불면증 해소에도 효과가 있다.

>> 재료 손질하기

01 쌀은 1시간 동안 충분히 불려 절구에 빻아 둔다.

02 새우살은 소금물에 흔들어 씻어 준비한다.

03 표고버섯, 죽순, 느타리버섯은 곱게 다진다.

>> 죽 쑤기

04 미나리는 깨끗이 다듬어서 씻어 송송 썬다.

05 냄비에 참기름을 두르고 빻아 놓은 쌀과 새우, 표고버섯, 죽순, 느타리버섯을 넣고 볶다가 청주를 뿌려 준다.

06 새우살이 익으면 물 14컵을 붓고 쌀알이 잘 퍼지게 푹 끓인다. 마지막에 미나리를 넣고 살짝 끓인 뒤 소금으로 간한다.

재료 (4인분)

불린 쌀 2컵, 새우살 30g, 죽순 30g, 표고버섯 2개, 느타리버섯 30g, 미나리 20g, 참기름 1큰술, 물 14컵, 청주 1큰술, 소금 약간

Cooking Note

새우는 등쪽의 내장을 제거해 주세요
새우살은 등쪽에 있는 내장을 이쑤시개로 빼 주고, 죽순은 끓는 물에 데쳐서 소독해 준다.

북어죽

>> 재료 손질하기

01 북어는 머리를 떼고 다듬어서 가늘게 찢어 놓는다.

02 쇠고기는 곱게 다진다.

03 쌀은 1시간 동안 충분히 불려 절구에 굵게 빻는다.

>> 죽 쑤기

04 냄비에 물과 북어머리, 마른 새우, 다시마를 넣고 끓여 육수를 만든다.

05 냄비에 참기름을 두르고 다진 쇠고기를 먼저 볶고 북어, 쌀을 볶다가 청주 1큰술과 육수 10컵을 넣어 서서히 끓인다.

06 죽이 완성되면 먹기 직전에 국간장과 소금으로 간을 한다.

재료(4인분)

불린 쌀 1컵 반, 북어 1마리, 다진 쇠고기 50g, 육수 10컵, 참기름 1큰술, 청주 1큰술, 국간장 · 소금 약간씩

육수 재료 : 북어머리 1개, 마른 새우 20g, 다시마(5×5cm) 1장

Cooking Note

북어의 비린내를 제거하려면 …
북어포는 물에 살짝 씻어 물기를 제거하여 사용한다. 북어를 볶을 때 청주를 넣으면 비린 맛이 나지 않는다.

김치콩나물죽

김치의 효능 : 김치의 주재료인 배추, 마늘, 무, 고추에는 다양한 비타민이 다량 함유되어 있다. 소화 촉진, 면역성 강화, 항암성 등의 기능이 있어 질병을 예방하고 혈중 콜레스테롤을 저하시키며 생체 리듬을 조절해 주어 노화 억제에도 효과가 있다.

>> 재료 손질하기

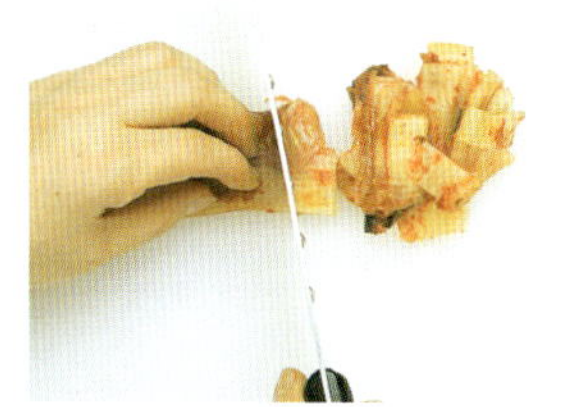

01 멸치는 냄비를 달궈서 볶아 비린 맛을 제거하고, 물을 부어 멸치 국물을 준비한다.

02 김치는 2cm 길이로 자르고, 콩나물은 깨끗이 다듬어 씻어 둔다.

03 고구마는 깨끗이 씻어 껍질을 벗기고 3cm 길이로 토막 내어 썬다.

>> 죽 쑤기

04 냄비에 멸치 국물을 넣고 준비한 김치와 밥, 고구마를 같이 넣어 끓인다.

05 낮은 불에 뭉근히 끓여서 밥알이 완전히 퍼지면 콩나물을 넣고 더 끓인다.

06 고구마가 익고 죽이 잘 어우러지면 다진 마늘을 넣고 국간장으로 간을 하고 나머지 간은 소금으로 한다.

재료 (4인분)

김치 50g, 콩나물 50g, 밥 1공기, 고구마 1개, 멸치 국물 12컵(국물용 멸치 20마리), 국간장 2큰술, 다진 마늘 1큰술, 소금 약간

Cooking Note

수제비를 넣어 예전의 맛을 느껴 보세요
- 밀가루에 소금과 물을 넣어 반죽해서 수제비를 넣어 끓이면 예전에 즐겨 먹던 그 맛을 느낄 수 있다.
- 콩나물은 단백질, 비타민, 무기질, 탄수화물 등이 다량 함유되어 있으며 해장에도 좋다.

현미들깨죽

들깨의 효능 : 간 기능을 활발하게 하고, 벌레에 물렸을 때 잎사귀를 짓이겨서 붙이면 효과가 있다. 들깨죽은 회복기 환자와 탈모, 혈뇨, 불임증에 좋다. 고혈압 환자는 장기 복용하면 효험이 있다. 들깨 기름은 비만, 허약 체질, 당뇨병 등에 좋으며 여드름이나 거칠고 건조한 피부에도 효과가 있다.

>> 재료 손질하기

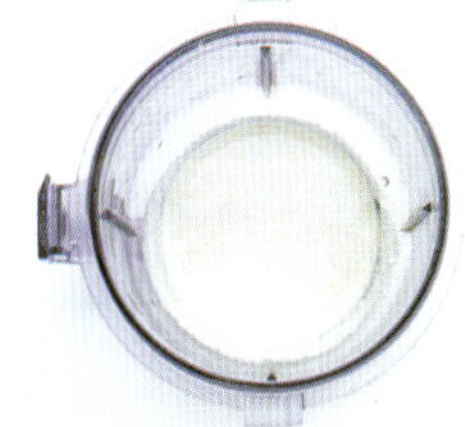

01 현미는 30분 정도 불려 믹서에 물 2컵을 넣고 곱게 간다.

02 들깨는 씻어서 물기를 제거한 뒤 프라이팬에 살짝 볶는다.

03 볶아 놓은 들깨는 믹서에 물 2컵을 붓고 곱게 갈아 체에 고운 가루만 받아 놓는다.

>> 죽 쑤기

04 곱게 간 현미에 물 8컵을 붓고 약한 불에서 서서히 뭉근하게 끓인다.

05 현미죽이 걸쭉해지면 갈아 놓은 들깨가루를 넣는다.

06 나무 주걱으로 멍울이 생기지 않게 잘 풀어 주면서 끓이다가 소금으로 간한다.

재료 (4인분)

현미 2컵, 들깨 1/2컵, 물 12컵, 소금 약간

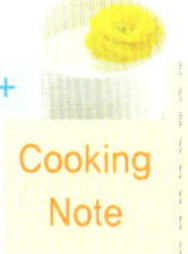

Cooking Note

들깨죽을 간편하게 끓이려면 …
들깨는 한꺼번에 많이 볶아서 믹서에 갈아 한번 사용할 만큼씩 봉지에 담아 보관하여 사용하면 번거로움을 줄일 수 있다.

04

참치죽

참치의 효능 : 다이어트 식품으로도 널리 알려져 있으며 철분, 비타민 B_{12}가 풍부해 빈혈 예방에도 좋다. 간장 기능을 강화할 뿐만 아니라 단백질도 풍부하다. 두뇌 활동에 좋은 DHA도 많으며 성인병 예방에도 효과가 있다.

>> 재료 손질하기

01 쌀은 1시간 동안 충분히 불려서 준비한다.

02 참치는 기름기를 제거하기 위해 체에 내린다.

03 시금치는 끓는 물에 소금을 넣고 데친 후 찬물에 헹군다.

>> 죽 쑤기

04 당근은 깨끗이 씻어 시금치, 표고버섯과 함께 곱게 다진다.

05 냄비에 참치기름 2큰술을 넣고 다져 놓은 당근, 시금치, 표고버섯을 볶다가 쌀을 넣고 함께 볶는다.

06 쌀알이 투명해지면 물 14컵을 붓고 끓이다가 죽이 잘 퍼지면 참치를 넣고 맛이 어우러지면 소금으로 간한다.

재료 (4인분)

불린 쌀 2컵, 참치 150g(1캔), 당근 30g, 시금치 50g, 표고버섯 2개, 물 14컵, 참치기름 2큰술, 소금 약간

Cooking Note

담백하고 깜끔하게 참치의 맛을 내려면 …
참기름 대신에 참치기름을 사용해도 맛있다.

파뿌리배죽

파뿌리의 효능 : 심장과 위장의 기능을 강화하고, 미생물에 대한 항균 작용을 한다. 감기, 소화 장애, 설사, 저혈압, 얼굴과 눈의 종기, 목이 아플 때 효과가 있다.

>> 재료 손질하기

01 쌀은 물에 1시간 이상 충분히 불려 준비한다.

02 절구에 불린 쌀을 넣고 대충 빻아 준비한다.

03 배는 껍질을 벗겨 적당하게 자르고 조선파뿌리와 같이 물을 넣어 끓인다.

>> 죽 쑤기

04 즙이 우러나면 체에 거른다.

05 **04**를 냄비에 붓고 **02**의 쌀을 넣어 뭉근히 끓인다.

06 나무 주걱으로 저으면서 푹 퍼질 때까지 끓이다가 소금으로 간한다. 고명으로 송송 썬 실파와 김을 올린다.

재료 (4인분)

배 2개, 조선파뿌리 5개, 불린 쌀 2컵, 배·파뿌리 끓인 물 14컵, 소금·송송 썬 실파·김 약간씩

Cooking Note

파뿌리를 여러 용도로 사용해 보세요
- 파뿌리는 깨끗이 씻어 사용하고, 된장찌개나 김치찌개에 같이 넣어 끓이면 좋다. 육수 낼 때에도 사용해 보자.
- 배는 가래가 끓는 기침에 수분을 보충하여 가래를 삭이는 작용을 한다.

참마달걀죽

참마의 효능 : 강장, 미용, 해열 등의 작용이 있으며 근육과 골격, 심장, 뇌 등을 튼튼하게 한다. 기억력을 좋게 하며 신경쇠약증에도 효과가 있다. 고혈압, 당뇨병이 있는 사람의 영양식으로 좋으며, 과도한 스트레스가 있는 사람에게 아주 좋은 건강식이다. 어린이의 두뇌 발달과 원기 회복에도 좋다.

>> 재료 손질하기

01 불린 쌀은 믹서에 물 2컵을 넣고 곱게 간다.

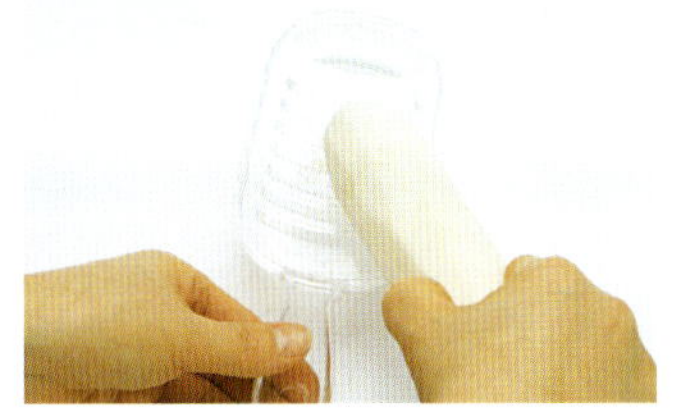

02 참마는 껍질을 벗기고 쌀뜨물에 담가 미끈거림을 없앤 다음 강판에 갈아 준다.

03 달걀은 흰자와 노른자를 분리해 놓는다.

>> 죽 쑤기

04 **01**에 쌀뜨물 10컵과 갈아 놓은 마를 넣고 쌀이 퍼질 때까지 은근히 끓인다.

05 쌀이 잘 퍼지면 달걀 흰자를 넣고 저어 준 다음, 간장과 소금으로 간하고 바로 불을 끈다.

06 완성된 죽에 달걀 노른자와 송송 썬 쪽파, 검은깨, 김을 고명으로 올린다.

재료(4인분)

불린 쌀 2컵, 참마 150g, 쌀뜨물 12컵, 달걀 1개, 송송 썬 쪽파 1큰술, 김 1/4장, 검은깨 · 간장 · 소금 약간씩

Cooking Note

달걀 흰자와 구운 김을 깔끔하게 사용하려면 …
달걀 흰자는 알끈 제거를 위해 체에 내려서 사용하면 덩어리가 생기지 않는다. 김은 구워서 1회용 봉지에 넣어 부수면 흩어지지 않고 깔끔하게 사용할 수 있다.

계피죽

계피의 효능 : 계피는 두통과 신경 안정에 효과가 있어서 머리를 맑게 해 준다. 위장의 기능을 튼튼하게 하며 혈액 순환에도 큰 효과가 있다.

>> 재료 손질하기

>> 죽 쑤기

01 쌀은 씻어서 1시간 이상 불려 절구에 반 정도 빻아서 준비한다.

02 계피는 찬물에 은근히 달여서 12컵이 되게 만든다.

03 냄비에 갈아 놓은 쌀과 달여 놓은 계피물을 넣어서 뭉근히 끓인다.

04 쌀알이 잘 퍼지고 냄비에 눌지 않도록 나무 주걱으로 잘 저어 주며 끓인다.

05 죽이 잘 퍼졌으면 흑설탕을 넣고 소금으로 간을 한다.

06 완성된 죽을 그릇에 담고, 다진 잣을 고명으로 올린다.

재료(4인분)

불린 쌀 2컵, 계피 100g, 흑설탕 2큰술, 계피물 12컵, 다진 잣·소금 약간씩

Cooking Note

감기에 좋은 계피차를 만들어 보세요
계피를 물에 넣어 20분 정도 끓이다가 계피를 건져 내고, 다시 은근히 끓여 설탕이나 꿀을 타서 마시는 계피차도 감기에 좋다. 계피죽과 함께 곁들여 보자.

부추죽

부추의 효능 : 부추는 보온 효과가 있어 감기 예방에 좋으며, 소화 흡수를 돕고 장을 튼튼하게 한다. 피를 맑게 하여 허약 체질 개선, 미용, 성인병 예방에 효과가 있다.

>> 재료 손질하기

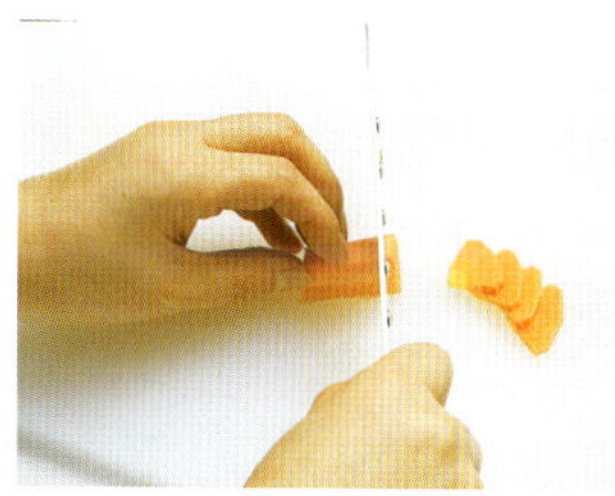

01 쌀은 씻어서 1시간 동안 충분히 불린 뒤 체에 건진다.

02 부추는 깨끗이 씻고 다듬어 2cm 길이로 자른다.

03 당근은 깨끗이 씻어 은행잎 모양으로 자른다.

>> 죽 쑤기

04 냄비에 물 12컵과 불린 쌀을 넣고 끓인다.

05 쌀알이 잘 어우러지면 당근을 먼저 넣고 끓이다가 나중에 부추를 넣는다.

06 죽이 완성되면 먹기 직전에 소금으로 간을 한다.

재료(4인분)

불린 쌀 2컵(멥쌀 1컵, 찹쌀 1컵), 부추 100g, 당근 1/4개, 물 12컵, 소금 약간

Cooking Note

부추는 살살 흔들어 씻어 주세요
- 부추를 씻을 때 너무 문질러 씻으면 풋내가 나므로 살살 흔들어 씻어 준다.
- 편리하게 멥쌀 2컵 또는 찹쌀 2컵으로 해도 된다.

사골흰죽

 **사골뼈의 효능 :** 푹 고운 국물이 뼈를 튼튼하게 만들어 골절을 낮게 하고 골다공증을 예방한다. 풍부한 단백질은 병의 회복에 도움을 주는 효과가 있다.

>> 재료 손질하기

01 쌀은 씻어 1시간 이상 충분히 불려 물기를 뺀다.

02 절구에 쌀을 넣어 반 정도 으깨지도록 빻아 놓는다.

03 사골 육수를 준비한다.

>> 죽 쑤기

04 냄비에 쌀과 사골 육수를 넣고 끓인다.

05 냄비 바닥에 눌지 않도록 나무 주걱으로 저어 준다. 약한 불에 오래 끓인다.

06 죽이 완성되면 소금으로 간을 하고 고명으로 다진 잣과 김을 올린다.

재료(4인분)

불린 쌀 2컵, 사골 육수 12컵, 소금 약간, 다진 잣 · 김 약간씩

Cooking Note

사골 육수 끓이는 방법은 …

사골 육수는 뼈를 찬물에 담가 핏물을 뺀다. 잠길 정도의 물을 부어 한번 끓으면 물을 버리고, 다시 물을 부어 파, 양파, 무를 넣어 팔팔 끓인다. 약한 불에서 뽀얀 물이 날 때까지 은근히 끓인다.

장국죽

 **장국죽의 효능 :** 체질적으로 기운이 없거나 빈혈이 있을 때 먹으면 좋다. 태음인의 보약으로 좋으며, 특히 비위장의 소화 기능을 촉진한다. 허리와 무릎을 보호하는 기능도 있다.

>> 재료 손질하기

01 쌀은 1시간 동안 충분히 불려 절구에 넣고 대충 빻아 둔다.

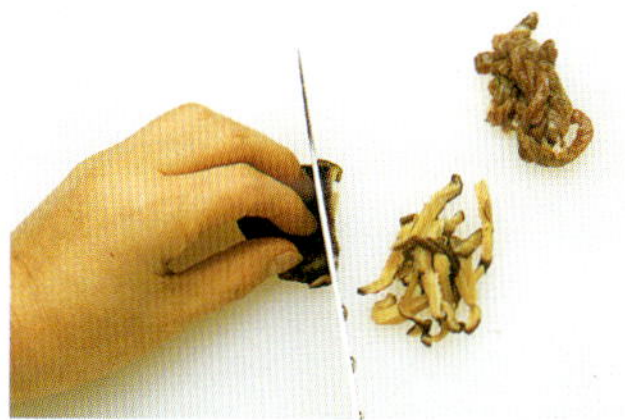

02 쇠고기는 핏물을 빼고, 표고버섯은 불려서 각각 곱게 채 썰어 쇠고기·표고버섯 양념장으로 따로 양념한다.

>> 죽 쑤기

03 냄비에 참기름 1큰술을 두르고 쇠고기와 표고버섯을 볶고 쌀을 넣어 함께 볶다가 물을 부어 끓인다.

04 센 불에서 한소끔 끓으면 약한 불로 줄여 쌀알이 잘 퍼지게 서서히 끓인다.

05 국물이 걸쭉해지면 간장으로 색을 내고, 나머지는 소금으로 간한다.

06 죽이 완성되면 그릇에 담고, 곱게 썬 깻잎과 김을 고명으로 올린다.

재료(4인분)

불린 쌀 2컵, 쇠고기 100g, 표고버섯 2개, 물 10컵, 참기름 1큰술, 깻잎 1장, 김 1/4장, 소금·간장 약간씩

쇠고기·표고버섯 양념 : 간장 1큰술, 깨소금 1/2작은술, 다진 파 1작은술, 설탕 1/2작은술, 참기름 약간

Cooking Note

표고버섯은 설탕을 첨가해서 향을 강하게 …

- 죽을 끓일 때 쇠고기를 먼저 볶아야 쌀에 핏물이 배지 않는다.
- 표고버섯은 뜨거운 물에 설탕을 첨가해서 불리면 향이 더욱 좋아지고 빨리 불려진다.

낙지죽

낙지의 효능 : 타우린을 함유한 저칼로리 식품으로 단백질, 인, 철, 비타민 성분이 있어 혈중 콜레스테롤의 수치를 억제하고 빈혈 예방에 효과가 있으며 스태미너 식품으로 알려져 있다. 영양 부족으로 일어나지 못하는 소에게 낙지를 먹이면 다시 일어난다는 말이 있을 정도로 원기 회복에 좋다.

>> 재료 손질하기

01 낙지는 손질하여 깨끗이 씻어 곱게 다진다.

02 대추는 솔로 깨끗이 씻어 돌려깎아 채를 썬다.

03 은행은 끓는 물에 살짝 데쳐 껍질을 제거한다.

>> 죽 쑤기

04 1시간 동안 충분히 불려 놓은 쌀은 절구에 넣고 적당하게 빻는다.

05 냄비에 참기름 1큰술을 두르고 다진 낙지와 쌀을 볶다가 물 12컵을 넣어 뭉근히 끓인다.

06 죽이 거의 퍼지면 은행과 대추를 넣어 한소끔 끓여 먹기 직전에 소금으로 간한다.

재료(4인분)

불린 쌀 2컵, 낙지 200g, 대추 5개, 은행 10알, 물 12컵, 참기름 1큰술, 소금 약간

Cooking Note

낙지의 손질은 이렇게 …

낙지의 내장을 제거하고 밀가루 혹은 굵은 소금으로 주물러 가면서 빨판에 있는 찌꺼기까지 깨끗이 씻어야 죽을 끓였을 때 잡냄새가 나지 않는다.

미음

>> 재료 손질하기

01 쌀은 깨끗이 씻어서 1시간 이상 충분히 불린다.

02 수삼은 깨끗이 씻어서 냄비에 물과 함께 넣고 달인다.

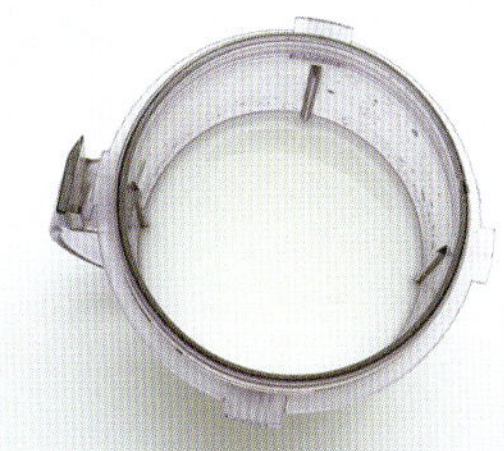

04 **03**의 물 양이 1/3 정도로 줄면 믹서에 곱게 간다.

05 믹서에 갈아 놓은 죽을 체에 내린다.

>> 죽 쑤기

03 냄비에 불린 쌀과 수삼 달인 물 20컵을 붓고 푹 끓인다.

06 다시 한번 냄비에 붓고 데워서 소금으로 간한다.

재료 (4인분)

불린 쌀 2컵, 수삼 4뿌리, 수삼 달인 물 20컵, 소금 약간

Cooking Note

미음이란 …
죽보다 물의 양이 많은 것으로, 쌀 분량의 10~20배 이상의 물이 들어간다. 먹는 사람의 기호에 따라 물을 조절해서 끓인다.

대추죽

대추의 효능 : 노화 방지에 좋으며, 대추를 달여 차로 마시면 불면증에도 효과가 있다. 허약한 몸을 보호하고 얼굴에 윤기를 더해 주는 미용식으로 혈액 순환을 촉진시키는 데 효과가 있다.

>> 재료 손질하기

01 대추는 솔로 깨끗이 씻어 돌려깎고 대추살, 대추씨, 물 2컵을 넣고 푹 끓인다.

02 끓인 대추는 체에 내려 대추물을 준비한다.

03 쌀은 1시간 이상 충분히 불려 절구로 반 정도 으깨지도록 빻는다.

>> 죽 쑤기

04 대추 한 개는 고명으로 준비하고, 달걀은 흰자와 노른자를 분리하여 노른자만 준비한다.

05 체에 내린 대추물과 나머지 물 10컵, 쌀을 넣고 약한 불에 뭉근히 끓인다.

06 죽이 완성되면 그릇에 담고 달걀 노른자와 대추채를 올리고 간장 양념을 곁들인다.

재료(4인분)

불린 쌀 2컵, 대추 20개, 물 12컵, 달걀 노른자 1개

간장 양념 : 간장 2큰술, 국간장 1작은술, 깨소금 1작은술, 참기름 1작은술

Cooking Note

대추씨와 대추살을 진하게 끓여 보세요
대추씨와 대추살을 함께 넣어 끓여야 대추물이 진하게 우러나온다. 죽을 끓일 때 대추물을 넣고 끓여야 더욱 진한 대추의 맛을 느낄 수 있다.

05
임신으로 인한 입덧과 빈혈에 좋은
영양죽

고구마죽

 **고구마의 효능 :** 프로비타민 A인 카로틴을 많이 함유하고 있으며, 그 밖에 비타민B_1, B_2, C, 니아신 등을 함유하고 있다. 섬유질이 많아 변비·비만·대장암 예방에 효과가 있다. 녹말과 당분이 주성분이고, 단백질과 지방이 적어 찜, 굽기, 튀김 등으로 사용하며 녹말, 물엿, 과자, 술 등에 쓰인다.

>> 재료 손질하기

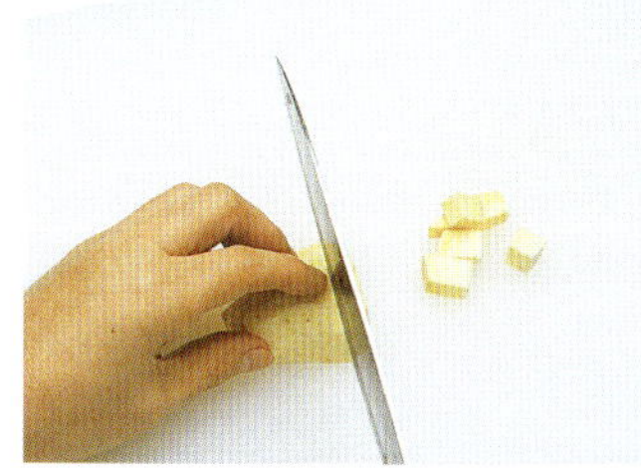

01 고구마는 깨끗이 씻어 껍질을 벗기고 잘게 썬다.

02 쌀은 물에 1시간 이상 충분히 불린다.

03 불린 쌀을 절구에 적당하게 빻는다.

>> 죽 쑤기

04 냄비에 쌀, 고구마, 물을 넣고 끓이다가 나무 주걱으로 고구마가 으깨지지 않도록 살살 저어 준다.

05 죽이 잘 퍼지면 흑설탕 1큰술을 넣는다.

06 죽이 완성되면 먹기 직전 소금으로 간을 한다.

재료(4인분)

불린 쌀 1컵, 고구마 200g, 물 8컵,
소금 약간, 흑설탕 1큰술

Cooking Note

쌀은 절구에 적당하게 빻아 주세요
- 불린 쌀을 믹서에 갈게 되면 자칫 가루가 될 염려가 있으므로 절구에 적당하게 빻는 것도 요령이다.
- 고구마는 껍질을 벗기고 삶아서 체에 내려 사용해도 좋다.

생강죽

 **생강의 효능 :** 생강은 식욕을 돋우어 주고 소화를 잘 되게 하며, 구토나 설사를 멈추게 한다. 감기에 특효이며 식중독을 일으키는 균에 살균, 항균 작용을 한다.

>> 재료 손질하기

01 생강은 껍질을 벗겨 절구에 빻아 생강즙을 만든다.

02 대추는 돌려깎아 씨를 제거하고 곱게 채를 썬다.

03 쌀은 물에 충분히 불려 물기를 제거한다.

>> 죽 쑤기

04 냄비에 쌀과 물 12컵을 넣고 센 불에 끓인다.

05 끓으면 약한 불로 낮추고 쌀알이 퍼질 때까지 끓이고 나서 채썬 대추와 생강즙을 넣어 뭉근하게 끓인다.

06 죽이 적당하게 퍼지면 먹기 직전에 소금으로 간한다.

재료 (4인분)

불린 쌀 2컵, 생강 100g, 대추 5개, 물 12컵, 소금 약간

Cooking Note

생강즙은 이렇게 만들어 보세요
생강즙은 생강을 절구에 빻거나 칼로 곱게 다져서 생강과 동량의 물을 넣고 하루 정도 우려내어 면보에 짜서 사용하면 된다.

시금치죽

시금치의 효능 : 혈액을 공급하는 효과가 있고 빈혈에 으뜸이다. 눈의 근육을 강하게 하며, 피를 만들기도 하고, 혈액 순환에도 좋다. 식이성 섬유질이 들어 있어 변비에도 좋으며 항암 효과도 있다.

>> 재료 손질하기

>> 죽 쑤기

01 시금치는 끓는 물에 살짝 데쳐 찬물에 헹구어 3cm 길이로 자른다.

02 쌀은 씻어 쌀뜨물을 준비해 두고 1시간 이상 불린다.

03 쌀뜨물 12컵에 된장을 건더기 없이 곱게 풀어 끓여 준다.

04 **03**이 바글 바글 끓으면 불린 쌀과 데친 시금치를 넣고 끓인다.

05 채소죽은 너무 자주 저으면 풀처럼 되므로 약하게 저어 주며 서서히 끓인다.

06 죽이 잘 어우러지면 다진 마늘을 넣고 먹기 직전에 소금으로 간한다.

재료 (4인분)

불린 쌀 2컵, 시금치 100g, 된장 1큰술, 쌀뜨물 12컵, 다진 마늘 1작은술, 소금 약간

Cooking Note

시금치는 빨리 데쳐야 해요
시금치를 데칠 때는 끓는 물에 소금을 넣고 시금치를 넣자마자 바로 꺼내 찬물에 씻어야 색도 유지되고 영양소의 파괴도 줄일 수 있다.

달걀노른자죽

 **달걀 노른자의 효능 :** 우리 몸에 필요한 아미노산이 풍부하다. 특히 달걀은 성장기 어린이에게 단백질을 공급하는 매우 좋은 식품이며 필수 아미노산인 리신, 메티오닌, 트립토판 등을 골고루 함유하고 있어 영양가가 매우 뛰어난 것으로 알려져 있다.

>> 재료 손질하기

01 쌀은 1시간 이상 불려 절구에 반 정도 으깨지도록 빻는다.

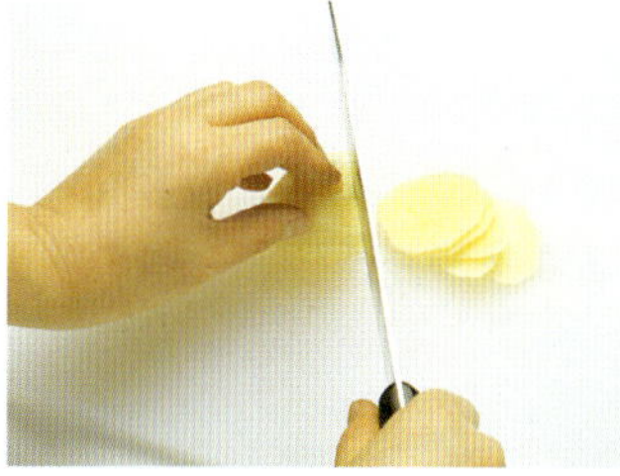

02 감자는 껍질을 벗겨 얇게 썰고 물에 담가 전분을 뺀다.

03 감자는 소금을 넣고 삶아 체에 으깨어 내린다.

>> 죽 쑤기

04 달걀은 소금을 넣고 찬물에서부터 12분 정도 완숙으로 삶아 노른자를 분리해서 체에 내린다.

05 냄비에 빻아 놓은 쌀과 물 12컵을 붓고 끓이다가 체에 내린 감자와 달걀 노른자를 넣고 뭉근히 끓인다.

06 죽이 부드럽게 퍼지면 먹기 직전에 소금으로 간한다.

재료(4인분)

불린 쌀 2컵, 삶은 달걀 노른자 4개, 감자 2개, 물 12컵, 소금 약간

Cooking Note

달걀 기름을 만들어 보세요
달걀 기름(난유)은 유정란으로 냄비를 3분 가열한 후 노른자를 넣어 까맣게 탈 정도로 충분히 구우면 기름이 나온다. 하루에 찻숟가락으로 3회 가량 복용하면 심장병 치료에 도움이 된다.

굴 죽

 **굴의 효능 :** 굴에 들어있는 EPA는 혈액 중의 중성 지방 및 혈중 콜레스테롤을 저하시켜 동맥경화, 고혈압, 뇌출혈 등의 예방 효과가 있고, DHA는 학습 기능 향상, 항암 작용의 효능을 지니고 있다. 비타민 E의 함유는 피부 노화를 방지하고 환자나 노인, 유아 및 임산부에게 좋다.

>> 재료 손질하기

01 굴은 잡티를 없애고 소금물에 씻어 물기를 제거한다.

02 쌀은 물에 불려 절구에 반 정도 으깨지도록 빻는다.

03 부추는 깨끗이 다듬고 씻어 송송 썬다.

>> 죽 쑤기

04 냄비에 참기름 1큰술을 두르고 굴을 볶다가 빻아 놓은 쌀을 함께 넣어 볶는다.

05 쌀알이 투명해지면 물 12컵을 넣고 약한 불에서 뭉근히 푹 끓인다.

06 쌀알이 잘 퍼지도록 끓이다가 썰어 놓은 부추를 넣고 한소끔 끓인 뒤 소금으로 간한다.

재료 (4인분)

불린 쌀 2컵, 굴 200g, 부추 50g, 참기름 1큰술, 물 12컵, 소금 약간

Cooking Note

굴은 조심조심 볶아야 해요
굴은 볶을 때 터지지 않게 주의해야 한다. 굴이 터지면 죽이 까맣게 변해서 색이 어두워진다.

전복내장죽

전복의 효능 : 심장을 보하고 간의 긴장을 풀어 주어 눈을 밝게 하고 식욕을 촉진시키는 효과가 있다. 수분 함량은 많고 지방의 함량은 적다. 비타민, 칼슘, 인 등의 미네랄이 풍부하여 산모에게 좋다.

>> 재료 손질하기

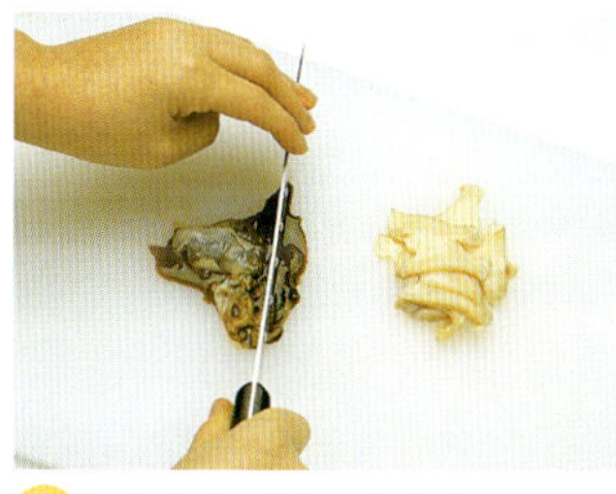

01 전복은 솔로 깨끗이 씻어 껍질에서 분리한다.

02 전복의 입을 제거하고 편으로 썰어 내장을 잘게 다진다.

03 쌀은 충분히 불린 후 절구로 반 정도 으스러지게 빻는다.

>> 죽 쑤기

04 냄비에 참기름 1큰술을 두르고 전복과 쌀을 볶다가 물 12컵을 넣고 은근히 끓인다.

05 쌀알이 완전히 퍼지면 내장을 넣어 한소끔 더 끓인다.

06 죽이 완성되면 먹기 직전에 소금으로 간한다.

재료(4인분)

불린 쌀 2컵, 전복 2마리, 참기름 1큰술, 물 12컵, 소금 · 검은깨 · 흰깨 약간씩

Cooking Note

전복 구분은 이렇게 하세요.

제주도에서 나는 오분자기라는 것이 있는데 전복과 너무 흡사해 구별하기가 어렵다. 전복은 껍질에 푸른 빛이 도는 것이 특징이며 오분자기는 전복에 비해 가격이 저렴하다. 또 오분자기는 껍질에 구멍이 9개 있고, 전복에는 4~5개가 있다.

쑥 죽

쑥의 효능 : 신경통이나 지혈에 좋은 무기질과 비타민이 많이 함유되어 있다. 비타민A가 충분해서 몸에 세균이 침입했을 때 저항력을 강하게 하고, 비타민C가 많아 감기에도 특효이다. 임신 중 출혈, 토혈, 코피 등에 효과가 있으며 암 예방에도 좋다.

>> 재료 손질하기

01 쌀은 1시간 이상 불려 절구에 반 정도 빻아 놓는다.

02 쑥은 끓는 물에 소금을 약간 넣어 살짝 데쳐 찬물에 헹군 다음 2cm 길이로 자른다.

03 당근과 표고버섯은 깨끗이 씻어 곱게 채를 썬다.

>> 죽 쑤기

04 냄비에 참기름 1큰술을 두르고 당근과 표고버섯을 볶다가 쌀을 넣어 함께 볶는다.

05 쌀알이 투명해지면 물 12컵을 넣고 퍼지도록 뭉근히 끓인다.

06 약한 불에서 은근히 끓이다가 쑥을 넣고 한소끔 더 끓인 다음 양념장을 곁들여 낸다.

재료 (4인분)

불린 쌀 2컵, 쑥 100g, 당근 1/4개, 물 12컵, 표고버섯 4개, 참기름 1큰술, 소금 약간

간장 양념 : 간장 2큰술, 다진 마늘 1작은술, 송송 썬 파 약간, 깨소금 1작은술, 참기름 1작은술

Cooking Note

쑥이 없을 때는 이렇게 …

쑥이 없을 경우 선식 코너에서 쑥 가루를 사서 사용해도 좋다.

감자죽

감자의 효능 : 생감자즙은 매우 강력한 해독 작용을 한다. 각종 약물의 급성 중독에 걸렸을 경우에 도움을 주는데, 이는 다량의 나트륨, 황, 인, 염소 등의 성분 때문이다. 섬유질은 변비, 철분은 빈혈 예방에 도움이 된다.

>> 재료 손질하기

01 감자는 얇게 썰어서 물에 담가 전분을 뺀다.

02 강낭콩은 깨끗이 씻어 체에 걸러 물기를 제거한다.

03 양파는 깨끗이 씻어 곱게 채를 썬다.

>> 죽 쑤기

04 냄비에 감자, 강낭콩, 양파를 약간의 소금과 잠길 정도의 물을 넣어 삶는다.

05 **04**가 수저로 눌러 으깨질 정도로 익으면 체에 내린다.

06 **05**를 냄비에 담고 물 6컵을 넣어 끓이다가 찹쌀가루를 넣고 한소끔 끓여 소금으로 간한다.

재료 (4인분)

감자 3개, 강낭콩 1/2컵, 양파 1/4개, 찹쌀가루 1컵, 물 6컵, 소금 약간

Cooking Note

생크림으로 더욱 고소하게 …
생크림을 볼에 넣고 거품기로 휘핑하여 섞어 먹으면 더욱 고소하다.

Rose bouton

흰쌀우유죽

우유의 효능 : 우유는 칼슘을 공급하고 혈중 콜레스테롤의 생성을 억제하며 고혈압 예방, 장의 운동 촉진, 피부 노화 방지에 효과가 있다. 칼슘이 많이 함유되어 임산부에게 도움이 된다.

>> 재료 손질하기

01 쌀은 충분히 불려 물 2컵을 넣고 믹서에 곱게 간다.

02 갈아 놓은 쌀은 체에 걸러 물기를 빼둔다.

>> 죽 쑤기

03 냄비에 **02**와 나머지 물 4컵을 넣고 은근히 끓인다

04 죽이 어우러지면 우유를 조금씩 넣어 덩어리가 생기지 않게 약한 불에서 더 끓인다.

05 먹기 직전에 소금으로 간을 하거나 꿀을 따로 담아 낸다.

06 죽이 완성되면 그릇에 담고, 고명으로 치즈를 올린다.

재료(4인분)

불린 쌀 2컵, 물 6컵, 우유 6컵, 소금 약간, 꿀 약간, 치즈 1장

Cooking Note

우유는 약한 불에서 끓여요
우유는 하루에 3컵(600mL) 정도 마셔야 충분한 영양 섭취를 할 수 있다. 죽을 끓일 때 우유를 너무 센 불에서 끓이면 영양가가 파손되고 덩어리가 생기므로 약한 불에서 조금씩 넣어 끓이는 것이 좋다.

채소버섯죽

표고버섯의 효능 : 피를 잘 통하게 하여 풍의 치료에 효과가 있고, 혈중 콜레스테롤의 수치를 내림으로 혈액 순환을 원활하게 해 준다. 동맥경화를 예방하고, 여성의 냉증과 변비증, 미용에 좋고 뼈를 튼튼하게 해 준다. 저칼로리 식품으로 위와 소장의 기능을 정상화시켜 비만 예방에 좋다.

>> 재료 손질하기

01 표고버섯은 뜨거운 물에 불려 포를 뜬 다음 채를 썬다.

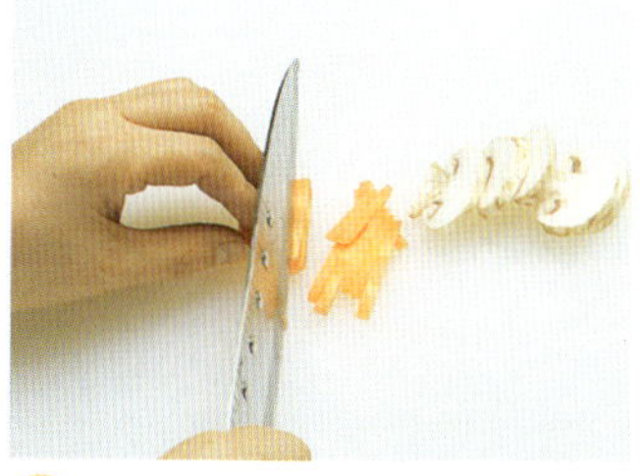

02 당근은 가늘게 채를 썰고, 양송이버섯은 편으로 썬다.

03 쑥갓은 깨끗이 씻어 2cm 길이로 썬다.

>> 죽 쑤기

04 냄비에 참기름 1큰술을 두르고 불린 쌀을 넣고 볶는다.

05 물 12컵을 넣고 은근히 부드럽게 끓여 준다.

06 쌀알이 푹 퍼지면 표고버섯, 양송이버섯, 당근을 넣고 끓이다가 마지막에 쑥갓을 넣고 소금으로 간한다.

재료 (4인분)

불린 쌀 2컵, 표고버섯 2개, 당근 30g, 양송이버섯 3개, 쑥갓 4줄기, 물 12컵, 소금 약간, 달걀 노른자 1개, 참기름 1큰술

Cooking Note

죽을 더욱 맛있게 먹으려면 …
채소죽은 김을 가늘게 채썰어서 얹거나 깨소금을 뿌려도 고소하고, 달걀 노른자를 올려 조금씩 섞어 먹어도 맛있다.

해삼죽

해삼의 효능 : 근육의 수축과 이완 작용을 고르게 조절하는 데 효과가 있다. 치아와 골격 형성, 출혈 과다로 오는 빈혈 증상에 좋아 성장 발육기의 어린이는 물론 입맛 없는 임산부에게도 좋다.

>> 재료 손질하기

01 해삼은 내장을 제거하고 깨끗이 씻는다.

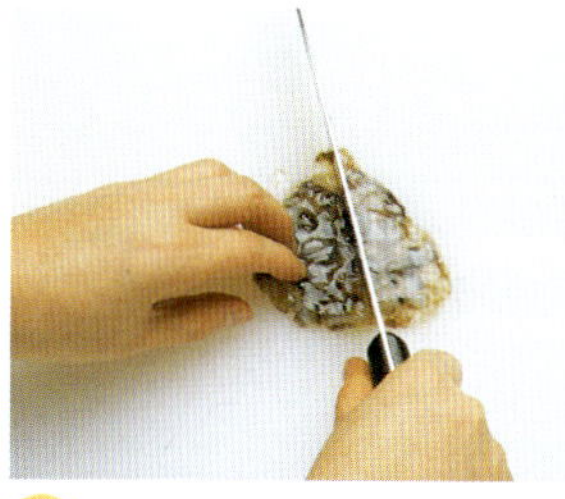

02 깨끗이 손질한 해삼을 곱게 다진다.

03 불린 쌀은 절구에 반 정도 으깨지도록 빻는다.

>> 죽 쑤기

04 냄비에 참기름 1큰술을 두르고 해삼을 볶다가 쌀을 넣어 함께 볶아 준다.

05 쌀알이 잘 볶아지면 물 12컵을 넣고 뭉근히 끓인다.

06 죽이 완성되면 먹기 직전에 소금으로 간한다.

재료 (4인분)

불린 쌀 2컵, 해삼 250g, 물 12컵, 참기름 1큰술, 소금 약간

Cooking Note

마른 해삼을 불려 사용해도 좋아요
해삼은 바다의 인삼으로 불릴 정도로 몸에 좋다고 널리 알려져 있다. 말렸다가 사용해도 맛이 일품이다.

영양죽과 같이 먹으면 좋은
물김치

동치미

무 껍질째로 소금에 절이기

쪽파 말기

무 4개, 삭힌 고추 10개, 홍고추 1개, 쪽파 20뿌리, 배 1개, 마늘 5쪽, 생강 2쪽, 소금 약간, 소금물 20컵

>> 만드는 법

01 동치미 무는 껍질째로 씻어 소금에 하루 정도 절인다.

02 쪽파는 돌돌 말아 준비한다.

03 배는 4등분한다.

04 망사에 마늘, 생강, 쪽파, 삭힌 고추, 홍고추, 배를 넣어 묶는다.

05 항아리에 무와 **04**를 넣고 소금물을 부어 무거운 것으로 눌러 둔다.

06 4일 정도 지나면 썰어서 그릇에 담아 낸다.

Cooking Note

소금물을 만들 때, 물에 소금을 타고 달걀을 깨끗이 씻어 띄웠을 때 500원짜리 동전만큼 달걀이 떠오르면 적당한 소금물이라 할 수 있다.

돌나물물김치

당근, 무 나박썰기

고춧가루를 면보에 넣어 물들이기

재 료 돌나물 200g, 미나리 10줄기, 무 1/4개, 당근 1/4개, 홍고추 1개, 생강 1쪽, 마늘 5쪽, 고춧가루 1큰술, 소금 약간, 생수 5컵

>> 만드는 법

01 마늘과 생강은 곱게 다지고, 돌나물은 씻어 물기를 제거한다.

02 당근과 무는 나박썰기를 하고, 홍고추는 어슷하게 썰어 물에 씻어 씨를 제거한다.

03 미나리는 4cm 길이로 썬다.

04 썰어 놓은 당근과 무는 소금을 뿌리고 물을 약간 첨가하여 절인다.

05 면보에 고춧가루를 넣어 생수에 물을 들인다.

06 준비된 재료들을 고춧물 들인 생수에 넣고 소금으로 간한다.

Cooking Note 돌나물은 살살 씻어야 풋내가 나지 않는다.

나박김치

무, 배추 3×3cm로 썰기

미나리 3cm 길이로 썰기

재 료 │ 무 1/2개, 배춧잎 6장, 굵은 소금 1/4컵, 미나리 10줄기, 마늘 3쪽, 생강 2쪽, 고 춧가루 2큰술, 생수 10컵

>> 만드는 법

01 무와 배추는 3×3cm로 썰어 소금을 뿌려 물을 약간 첨가하여 절이 고, 미나리는 3cm 길이로 썬다.

02 마늘과 생강은 곱게 채를 썬다.

03 무와 배추가 절여지면 씻어서 물기를 제거한다.

04 모든 재료를 항아리에 담는다.

05 면보에 고춧가루를 넣고 생수에 물을 들여 항아리에 붓는다.

06 냉장고에 넣어 두고 2~3일 후에 먹는다.

Cooking Note

나박김치를 오래 두고 먹으려면 바로 냉장고에 넣고, 바로 먹으려면 실온에서 10시간 정도 익혀서 냉장고에 보관한다.

열무물김치

열무, 얼갈이배추 소금에 절이기

양파채, 쪽파 4cm 길이로 썰기

재 료
열무 1/2단, 얼갈이배추 1/2단, 양파 1/2개, 쪽파 약간, 굵은 소금 1/2컵, 생수 10컵
양념 : 고춧가루 1컵, 홍고추 간것 1컵, 생강 1작은술, 다진 마늘 3큰술, 밥 간것 (밥 3큰술, 물 3큰술), 설탕 1작은술, 까나리액젓 1/2컵, 소금 약간

〉〉 만드는 법

01 열무와 얼갈이배추는 적당한 길이로 잘라 소금을 뿌려 절인다.

02 절인 열무와 배추는 물에 씻어 물기를 제거한다.

03 양파는 채를 썰고, 쪽파는 4cm 길이로 썬다.

04 분량의 양념을 섞어 열무와 배추에 버무린다.

05 생수를 붓고 나머지 간은 소금으로 한다.

06 하루 정도 실온에서 익혀 냉장고에 보관한다.

Cooking Note
열무물김치를 담글 때는 고춧가루와 홍고추를 갈아서 섞어 담그면 맛이 시원하다.

오이물김치

쪽파, 미나리 4cm 길이로 썰기

절인 오이 속 넣기

재 료 | 오이 2개, 당근 1/2개, 배 1/2개, 미나리 5줄기, 쪽파 3뿌리, 생강 1쪽, 마늘 5쪽, 고춧가루 5큰술, 소금 · 설탕 적당량, 생수 5컵

≫ 만드는 법

01 오이는 소금으로 문질러 씻어 소독한 뒤 4cm 길이로 썰어서 준비한다.

02 오이는 열십자로 칼집을 내어 팔팔 끓인 소금물을 부어 30분 정도 절인다.

03 쪽파, 미나리는 4cm 길이로 자른다.

04 마늘, 생강, 당근, 배는 1cm 정도의 길이로 곱게 채를 썬다.

05 **04**에 고춧가루 3큰술과 설탕 1작은술, 소금 1작은술을 섞어 버무린다.

06 절인 오이 속에 **05**를 넣는다.

07 생수 5컵을 준비하고 면보에 고춧가루 2큰술을 넣고 살살 주물러 고춧물을 내고 소금과 설탕으로 간한다.

08 그릇에 양념을 넣은 오이를 담고 고춧물을 부어 미나리와 쪽파를 띄운다.

오이피클

식초, 물, 설탕, 소금 넣고 끓이기

피클링스파이스, 월계수잎 넣기

재 료 다대기 오이 4개, 식초 3/4컵, 물 2컵, 설탕 1컵, 소금 2큰술, 피클링스파이스 1큰술, 월계수잎 3장

≫ 만드는 법

01 오이는 씻어서 물기를 제거한 뒤 어슷하게 한입 크기로 자른다.

02 유리병을 깨끗이 씻어 소독해서 준비한다.

03 냄비에 식초, 물, 설탕, 소금을 넣고 끓인다.

04 소독한 병에 썰어 놓은 오이를 담고 팔팔 끓인 **03**을 뜨거울 때 붓고 피클링스파이스와 월계수잎을 넣는다.

05 6시간 경과 후 냉장고에 넣고 시원해지면 바로 먹을 수 있다.

Cooking Note 피클링스파이스는 오이피클의 주재료로 대형 마트나 향신료 재료 상점에서 구입할 수 있다. 오이피클은 6시간 경과 후 바로 먹을 수 있는 것이 장점이다.

Index

보양식 · 다이어트식으로 먹는 영양죽

2004년 5월 30일 1판 1쇄
2006년 4월 15일 1판 3쇄
2009년 5월 15일 2판 1쇄
2010년 1월 10일 2판 2쇄

지은이 : 배태자
펴낸이 : 남상호

펴낸곳 : 도서출판 예신
www.yesin.co.kr

140-896 서울시 용산구 효창동 5-104
전화 : 704-4233, 팩스 : 715-3536
등록 : 제03-01365호(2002. 4. 18)

값 12,000원

ISBN : 978-89-5649-070-0

그릇협찬

취원당(翠園堂)

E-mail : yuldus@naver.com